청소년을 위한
수학의 역사

청소년을 위한 수학의 역사

초판 1쇄 2023년 12월 1일 | **2쇄** 2024년 5월 17일

글쓴이 한상직 | **펴낸이** 황정임
총괄본부장 김영숙 | **편집** 김로미 이루오 | **디자인** 이선영
마케팅 이수빈 윤인혜 | **경영지원** 손향숙 | **제작** 이재민

펴낸곳 초록서재(도서출판 노란돼지) | **주소** (10880) 경기도 파주시 교하로875번길 31-14 1층
전화 (031)942-5379 | **팩스** (031)942-5378
홈페이지 yellowpig.co.kr | **인스타그램** @greenlibrary_pub
등록번호 제406-2015-000137호 | **등록일자** 2015년 11월 5일

© 한상직, 2023
ISBN 979-11-92273-23-5 43410

초록서재는 여린 잎이 자라 짙은 나무가 되듯,
마음과 생각이 깊어지는 책을 펴냅니다.

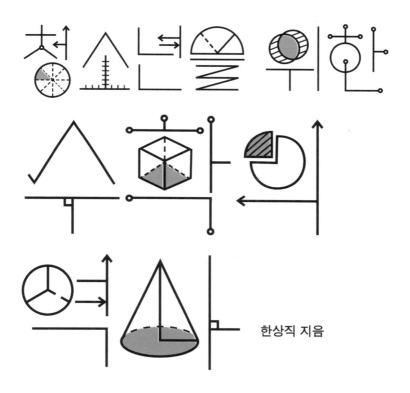

청소년을 위한 수학의 역사

한상직 지음

수의 발견부터 인공 지능까지
세계사에 숨은 수학 이야기

초록
서재

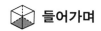 **들어가며**

수학은 각 시대와 문명이 해결해야 할 과제와 함께 발전합니다. 각 문명에서 해결해야 할 과제는 생산과 분배, 전쟁에서 잘 나타납니다. 그리고 이런 과제를 풀어 나가는 데 수학이 직접적 또는 간접적으로 사용됩니다.

농업 문명인 이집트에서 언제 나일강이 범람하는지를 아는 것은 매우 중요한 일입니다. 또한 농민들에게 토지를 적정하게 나누어 주는 것도 중요합니다. 이러한 문제는 천문학과 기하학이 발달하면서 해결하게 됩니다. 공동 작업을 한 사람들에게 식량인 난을 공평하게 나누어 주기 위해 분수가 사용됩니다.

상업 문명인 이슬람에서 교역은 중요한 생산 방식입니다. 육로와 해로로 연결된 동서 교역로를 여행하는 상인들에게 천문지리학, 항해술은 중요한 지식이 됩니다. 특히 배로 화물을 운송한다면 계절풍을 이용해야 합니다. 달력을 이용해 계절을 알고 출항 준비를 하는 것과 천체 관측을 통해 자신의 위치를 정확하게 아는 것은 원거리 해상 교역에서 굉장히 중요합니다. 항해술에는 천체 관측과 함께 삼각법이 사용됩니다.

동양에서는 농업 민족이 곡식과 부를 축적하면 유목 민족이 전쟁을 일으켜 약탈해 가는 패턴이 되풀이됩니다. 유목 민족은 식량이나 수공업 제품을 자체적으로 생산할 수 없기에 교역이나 약탈로 충당합니다. 어떤 학자들은 "유목 민족에게는 전쟁이 생산 행위이다."라고 말합니다. 전쟁이 생존을 위한 수단이 되는 것이지요.

전쟁은 각 문명에서 생산과 분배 못지않게 중요한데, 전쟁에서 승리하기 위해 수학이 사용됩니다. 고대부터 중세까지는 창, 칼, 활의 병장기와 축성술이 중요했고, 근대 이후 화약 무기가 사용되면서부터는 대포의 사용이 전쟁의 승패를 결정짓게 됩니다. 대포는 삼각비와 이차 함수를 알아야 제대로 사용할 수 있습니다. 전쟁에서 승리하려면 모든 국력을 모아야 하기 때문에 전쟁을 거치면서 과학 기술이 비약적으로 발달하고, 수학도 전쟁을 계기로 많은 발전을 거듭합니다.

청소년들은 수학을 배우면서 "선생님, 이거 왜 배워요?"라는 질문을 많이 합니다. 물론 현재 교과서가 과거 교과서보다는 '왜 이 단원을 배워야 하는지?'에 대해 친절하게 알려 주고 있지만,

여전히 청소년들에게는 가까이 와닿지 않습니다. 특히 청소년들이 많이 접하는 암호, 게임, 컴퓨터, 인공 지능은 근본 원리가 수학에서 나온 것인데 우리는 이런 분야의 수학적 원리를 잘 설명하지 못합니다.

과거와 현재, 그리고 미래에도 우리 삶의 많은 분야에서 근본을 찾아가다 보면 결국 수학으로 연결된다는 것을 청소년들이 깨달았으면 좋겠습니다. 그리고 이 책을 계기로 청소년들이 수학에 조금 더 마음을 열고 다가갈 수 있으면 좋겠습니다.

차례

문명의 발생

문명이 탄생시킨 수학

목축과 농사를 시작하면서부터 사람들은 수를 세기 시작합니다.
돌보는 가축들이 저녁에 무사히 우리로 돌아왔는지, 가을에 수확
한 곡식이 몇 가마니인지 확인하려면 수를 셀 수 있어야 하니까
요. 이집트에서는 농민에게 토지를 나누어 주기 위해, 그리고 세
금인 곡식의 양을 측정하기 위해 기하학이 발달합니다. 문명이
수학을 탄생시킨 것입니다.

목축과 농업

지금으로부터 약 1만 년 전 마지막 빙하기가 끝나고 지구는 따뜻해지기 시작했습니다. 지구를 넓게 덮고 있던 빙하는 극지방으로 물러나고, 아열대 지역과 온대 지역이 넓어지면서 식물이 번성하고 동물도 늘어났습니다.

인류는 처음 지구에 나타나면서 동물을 사냥하는 수렵과 먹을 수 있는 열매를 줍는 채집으로 먹거리를 해결했습니다. 불과 도구를 사용하게 된 인류는 더 큰 동물을 사냥할 수 있고, 더 많은 열매를 얻을 수 있고, 천적에게서 자신을 지켜 낼 수 있었습니다.

사냥만 하던 인류는 양, 염소, 소를 기르는 목축을 시작합니다. 사냥을 할 때는 고기만 얻을 수 있었는데, 목축을 시작하면서부터 고기와 함께 젖을 얻고, 가축의 수를 늘려 나갈 수 있었습니다. 특히 이 가축들은 풀을 먹기 때문에 사람들과 먹거리가 겹치는 일이 없었습니다. 풀과 물을 먹을 수 있는 목초지에 풀어놓고 늑대와 같은 포식자들에게서 잘 지켜 주기만 하면 되었습니다. 목동은 인류의 첫 번째 직업이라고 할 수 있습니다.

채집을 하던 인류는 씨앗을 땅에 묻으면 나중에 훨씬 많은 열매를 얻을 수 있다는 것을 알게 되면서 농사를 짓기 시작합니다.

그리고 이 작물을 지키기 위해 정착 생활을 시작했지요. 이후 밀과 콩, 보리, 쌀 같은 곡식을 재배하면서 농업 생산량이 크게 늘어났습니다. 지중해를 중심으로 포도, 무화과, 올리브와 같은 과일이 재배되었지만 많은 사람을 먹여 살릴 수 있는 곡식을 중심으로 농사가 발달했습니다. 곡식을 말리면 오랫동안 저장할 수 있고, 운반이 가능하기에 사람들이 도시에 모여 살게 되면서 다양한 직업을 갖게 되었고요.

목축과 농업이 발달하면서 수를 세기 시작했습니다. 목동들은 아침에 양 떼를 우리에서 데리고 나와 풀이 있는 곳으로 이동해서 먹이고, 저녁에는 양들을 데리고 우리로 돌아옵니다. 이때 양을 잃어버려 목초지에 두고 오면 안 됩니다. 밤에는 늑대와 같은 포식자들이 돌아다니기 때문에 양을 공격해 잡아먹을 수 있기 때문입니다. 그래서 아침에 데리고 나갔던 양의 수를 세고, 만약 돌아오지 않은 양이 있으면 빨리 찾아서 데리고 와야 합니다.

처음에는 목동들이 양의 수를 세기 위해 조약돌을 사용했을 거예요. 양이 한 마리 나갈 때마다 그릇이나 가죽 주머니에 조약돌 한 개를 집어넣습니다. 주머니에 있는 돌의 개수만큼 양이 목초지에 나간 것입니다. 저녁에는 양이 한 마리 우리로 들어올 때마다 주머니에서 조약돌을 한 개씩 꺼냅니다. 주머니에 조약돌이 남아 있으면 우리로 돌아오지 않은 양이 있는 것이니까 빨리

✧✧ ～～～～～～ 잉여 생산물 ～～～～～～ ✧✧

개인이나 집단의 생존에 필요한 양보다 많이 생산된 생산물을 말합니다. 직업 분화의 계기가 되고 도시화를 촉진하게 됩니다.

100명이 사는 부족이 1년 동안 먹고 살 수 있는 쌀의 필요량이 1인당 2가마니라면 부족 전체로는 200가마니가 됩니다. 그런데 부족 전체가 생산한 쌀이 250가마니라면 200가마니는 생존에 필요한 생산량이고 나머지 50가마니는 잉여 생산물이 됩니다.

잉여 생산물이 만들어지면서 직업 분화가 일어납니다. 농기구와 무기를 만드는 대장장이, 환자를 돌보는 의사, 주술을 담당하는 무당과 같이 직접 농사를 짓지 않고 전문 분야의 일을 하는 사람들이 생깁니다. 그리고 이들 전문가의 기술이 발달하면서 부족 전체의 생산량도 많아집니다.

대장장이나 의사는 전체 부족에게 서비스를 제공해야 하므로 부족의 거점이 되는 마을이나 성에 거주하는 것이 효과적입니다. 부족장과 농사를 직접 짓지 않는 기술자들이 모여 사는 마을이 커지면서 도시가 나타납니다.

잉여 생산물은 협업과 분업을 촉진하고 공동생활을 가능하게 하지만 잉여 생산물의 소유권을 독점하면서 계급이 발생하고, 다른 부족이나 문명권에서 잉여 생산물을 빼앗기 위해 전쟁을 일으키기도 합니다.

찾으러 가야 하고, 주머니에 조약돌이 남아 있지 않으면 양이 모두 돌아온 것이니까 편히 쉴 수 있었지요. 양 한 마리와 조약돌

한 개를 일대일 대응하면서 수를 세면 현재와 같은 숫자와 진법 없이도 목동들이 양 떼를 지킬 수 있었습니다.

농업 생산량이 증가하면 곡식을 저장, 보관해야 합니다. 곡식은 알갱이가 작아서 가마니에 담아 보관하는데, 보관 창고를 관리하는 사람은 가마니가 몇 개인지 세어서 알고 있어야 합니다. 처음에는 막대기에 뾰족한 것으로 작대기를 새기거나 숯을 사용해서 곡식이 얼마나 있는지 표시합니다. 곡식 가마니와 막대기에 새겨진 작대기가 일대일 대응이 되어야겠지요.

양 45마리, 쌀 16가마니, 사과 78상자와 같이 목축과 농업이 발달하면서 우리는 수를 사용하게 됩니다. 45, 16, 78은 사람들이 가공하지 않은 자연 그대로인 수라서 '자연수'라고 부릅니다.

앞으로 등장하게 될 분수나 소수, 그리고 음수는 사람들의 필요 때문에 가공하거나 생각해 낸 수라서 자연수와는 다릅니다. 목축과 농업이 시작되고 사람들이 모여 살기 시작하면서 수를 세고 기록할 필요가 생겼고, 각 문명권은 수를 만들어 사용하기 시작했습니다.

나일강의 범람

초기 인류 문명은 북반구 중위도 지역의 강에서 시작되었습니다. 이집트의 나일강, 이라크의 티그리스강과 유프라테스강, 인도의 인더스강, 중국의 황허강을 4대 문명이라고 합니다. 너무 춥거나 덥지 않은 아열대 또는 온대 지역이라는 지리적 특성과 함께 농사와 집단 거주에 꼭 필요한 물을 쉽게 쓸 수 있는 '강'이라는 공통점이 있습니다.

이집트는 삼면이 사막으로 둘러싸여 있고 북쪽은 바다로 막혀 있어서 이민족의 침입이 어렵습니다. 그리고 나일강 하류에서 풍부한 곡식을 생산할 수 있어서 일찍부터 문명이 발생했습니다. 농사를 지으려면 기름진 토지와 물이 필요한데, 나일강은 이 두 가지를 한꺼번에 해결해 줍니다.

사막 지대인 이집트는 비가 거의 내리지 않습니다. 그렇지만 해마다 일정한 시기에 나일강이 범람해서 상류의 영양분 많은 토사물을 하류로 운반해 줍니다. 이집트 사막 지대는 농사짓기 어려운 척박한 모래라고 생각할 수 있지만, 나일강이 날라 주는 비옥한 흙과 모래 덕분에 나일강 하류는 농사짓기 좋은 기름진 토지가 됩니다. 비가 거의 오지 않지만 1년 내내 흐르는 나일강의 물을 이용해서 농사를 짓습니다.

　나일강의 범람은 나일강 상류 에티오피아 고원 지대에 열대성 폭우가 내리기 때문입니다. 그렇지만 멀리 떨어져 있는 이집트에서는 에티오피아에 폭우가 내리는 것을 알 수가 없습니다. 단지 해마다 일정한 시기에 나일강이 범람한다는 것만 알 뿐입니다.

　나일강의 범람은 이집트인들에게 두 가지 수학적 과제를 안겨 주었습니다. 첫 번째는 "나일강이 언제 범람할 것인가?"이고, 두 번째는 "나일강의 범람으로 토지의 경계가 전과 달라지면 어떻게 농민에게 새로 토지를 나누어 줄 것인가?"였습니다.

　이집트에서는 신의 아들인 파라오가 모든 것을 알아야 합니다. 특히 농사에 필요한 나일강의 범람 시기를 아는 것은 중요합니다. 파라오는 "지금부터 얼마 후 나일강이 범람하니 관리들과 백성들은 이에 대비하시오."라고 말할 수 있어야 합니다. 그래야

백성들이 파라오의 권위를 인정하니까요. 파라오는 사제들에게 언제 나일강이 범람할지 알아 오라고 합니다.

파라오의 명을 받은 사제들은 이전 사제들에게 전해 들은 지식을 활용해 하늘을 관측합니다. 특히 새벽 동틀 무렵 시리우스가 동쪽 하늘에 태양과 함께 나타나면 얼마 후에 나일강이 범람한다는 사실을 알고 있었기에 동틀 무렵 동쪽 하늘을 집중적으로 관찰합니다. 그리고 새벽에 시리우스가 나타나면 파라오에게 가서 얼마 후에 나일강이 범람할 것이라고 알립니다.

체계적인 달력이 만들어지기 이전 고대 문명에서 농업과 어업, 그리고 바다를 항해하기 위해서는 '계절'을 아는 것이 중요했습니다. 사제들은 천체를 관측하면서 언제 우기가 시작되는지, 언제 강이 범람하는지, 언제 계절풍이 부는지를 알아내고 백성들이 농사나 장거리 항해를 준비할 수 있게 합니다. 하늘을 알고 계절을 준비하는 것은 사제와 관리의 중요한 임무였기 때문에 자연스럽게 천문학이 발달했습니다.

나일강이 범람하면 이전 토지의 경계가 사라지기 때문에 농민에게 새롭게 토지를 나누어 주어야 합니다. 농민에게 정확한 넓이의 토지를 나누어 주는 것은 국가에도 중요한 일입니다. 농민이 잘 경작할 수 있을 만큼 토지를 나누어 주어야 곡식이 많이 생산되고 추수 후에 세금을 걷을 수 있습니다.

농민이 세금으로 바치는 곡식은 국가를 운영하는 데 필요한 경비로 사용됩니다. 토지를 잘못 측량해서 나누어 주면 제대로 농사를 못 짓거나 필요한 세금을 걷지 못하게 됩니다. 그래서 관리들이 토지의 넓이를 계산하는 방법과 곡물의 양을 측정하는 방법을 배우는 것은 매우 중요합니다.

아메스 파피루스는 기원전 17세기경 서기관 아메스가 작성한 '신임 서기를 위한 교육 지침서'입니다. 아메스 파피루스는 서기로서 알아야 할 수학 지식인 분수, 넓이와 부피 계산, 방정식과 수열에 관한 문제가 80개 넘게 실려 있습니다. 아메스는 이 내용을 자신이 만든 게 아니라 기존에 전수되어 온 수학 지식을 정리한 것이라고 밝혔습니다.

"10개의 빵을 9명에게 공평하게 나누어 주는 방법은 무엇인가?"

"삼각형, 사각형의 넓이 계산은 어떻게 하는가?"

"원을 정사각형의 넓이로 표현하는 방법은 무엇인가?"

"원통과 직육면체 모양을 한 곡식 창고의 부피를 계산하는 방법은 무엇인가?"

이 밖에도 아메스 파피루스에는 '아하'를 이용한 일차 방정식, 거듭제곱, 단위 분수를 사용하는 분수, 피라미드의 크기를 구하

아메스 파피루스

는 문제, 비례 배분, 수열과 급수 문제들이 수록되어 있습니다.

토지의 넓이를 측정해 땅을 나누는 일과 세금으로 곡식을 걷어서 보관하기 위해 곡식 창고의 부피를 구하는 일은 서기들의 중요한 업무였습니다. 따라서 이집트에서는 도형의 넓이와 부피를 계산하는 실용 기하학이 발전하게 됩니다.

유럽 언어로 기하학은 'Geometry'입니다. 고대 그리스 언어로 'geo'는 '땅'을 의미하고, 'metry'는 '재다, 측량하다'를 의미합니다. 땅을 측량하는 것이 발전해서 기하학이 되었지요.

원의 넓이

이집트에서는 원의 넓이를 구하는 방법이 아니라 원의 넓이와 비슷한 정사각형을 찾았습니다. 원의 넓이를 구하는 확실한 방법을 찾기보다는 실용적인 계산을 위한 수학이라 할 수 있습니다.

크기가 같은 조약돌로 원을 만들고 그 조약돌 개수와 비슷한 정사각형을 만들어 볼 수 있습니다. 지름이 9인 원의 넓이에 포함된 조약돌로 한 변의 길이가 8인 정사각형을 만들 수 있습니다. 이 정사각형의 넓이 값은 실제 원의 넓이 값과 99퍼센트 일치합니다. 아주 정확한 값을 필요로 하지 않을 때는 원 넓이를 비슷한 정사각형의 넓이로 생각해서 사용하는 것도 실용적이라고 할 수 있습니다.

그래서 지름의 길이가 d인 원의 넓이는 다음과 같이 구합니다.

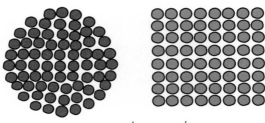

$$S = (d - \frac{d}{9}) \times (d - \frac{d}{9})$$

지름의 길이가 9이고 높이가 10인 원통형 곡물 창고의 부피를 구하려면 먼저 원통 밑면의 원을 정사각형이라고 생각해서 넓이를 구합니다. 그리고 밑면의 넓이에 높이를 곱해 주면 부피를 구할 수 있습니다.

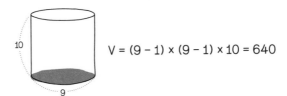

$$V = (9 - 1) \times (9 - 1) \times 10 = 640$$

공평하게 나누기

피라미드는 정사각뿔 형태의 고대 건축물입니다. 가장 크고 정교하게 만들어진 피라미드는 나일강 서안에 세워진 피라미드로, 왕과 왕비의 무덤으로 알려졌지만 최근에는 다른 용도로 만들어졌다고 주장하는 학자들도 있습니다.

피라미드는 그리스의 헤로도토스가 쓴 《역사》 2권에 최초로 등장합니다. 헤로도토스에 따르면 "기자의 피라미드는 10만 명이 3개월씩 교대로 일해서 20년 만에 완공했다."라고 합니다.

지금으로부터 4500년 전에 10만 명을 피라미드 건설에 동원했다는 건 이집트의 국력이 대단했다는 것을 뜻합니다. 그 당시에 10만 명을 한 장소에 모으기도 쉽지 않은데, 농사를 짓지 않고 피라미드 건설에 참여하려면 국가가 피라미드 건설에 참여하는 사람들에게 식량과 주택, 그리고 생활필수품을 제공했다는 거니까요.

사람들이 모여 살게 되면 필요한 게 많아지고, 필요를 만족시키는 것들이 만들어집니다. 처음 목축과 농사가 시작되었을 때는 하나, 둘, 셋으로 셀 수 있는 자연수가 사용되었습니다. 목동들은 양이 몇 마리인지, 창고를 관리하는 사람은 가을에 저장한 곡식이 몇 가마인지 셀 수 있으면 충분했습니다. 내가 생산한 곡

식이나 잡은 물고기를 내가 소비할 때는 별다른 문제가 없지만, 여러 사람이 생산한 것을 골고루 나눌 때는 나눗셈과 분수가 필요합니다.

어부 3명이 물고기 30마리를 잡았다면 몇 마리씩 나누어 가져야 할까요? 30을 3으로 나누면 10이 됩니다. 어부 1명당 물고기 10마리씩 나누어 가져가면 공평합니다. 이때까지는 자연수만 이용해도 어려움이 없습니다. 그런데 어부 5명이 고래 1마리를 잡으면 어떨까요? 고래 1마리를 5조각으로 나누어 1조각씩 가져가면 됩니다. 이때 1명이 가져가는 고래 1조각을 수로 나타내면 $\frac{1}{5}$이 됩니다. 자연수가 아닌 분수입니다. 공평하게 나누기 위해 분수가 필요해진 것입니다.

고대 이집트인들의 주식은 '난'이라는 빵이었습니다. 그리고 피라미드 건설에 동원된 사람들에게 노동의 대가로 난을 지급했습니다. 일하는 모둠에 난을 지급하면 공평하게 나누어 가져야 했습니다. 아메스 파피루스에 실려 있는 "10개의 빵을 9명에게 공평하게 나누어 주는 방법은 무엇인가?"라는 문제의 해결이 당시 서기들의 중요한 임무였다는 사실을 알 수 있습니다.

고대 이집트인들은 특이하게도 $\frac{2}{3}$를 제외하고는 분자가 1인 '단위 분수'를 사용했습니다. 분자가 1인 단위 분수를 사용하면 공평하게 나누는 것을 눈으로 확인할 수 있기 때문입니다.

아메스 파피루스의 분수 문제를 풀어 볼까요? 빵 10개를 9명한테 공평하게 나누어 주는 방법은 다음과 같습니다. 먼저 9명한테 빵을 1개씩 나누어 줍니다. 그럼 빵 1개가 남습니다. 남은 빵 1개를 9조각으로 나누어 한 조각씩 나누어 줍니다. 그럼 한 사람당 1개와 $\frac{1}{9}$개의 빵을 받을 수 있습니다.

혼자 사냥하거나 가족끼리 목축을 하면 자연수만 사용해도 문제가 없습니다. 그렇지만 집단으로 큰 사냥감을 사냥하거나 급료를 받을 때는 나누어 가지는 것이 중요합니다. 누구도 손해 보지 않고 공평하게 나누기 위해 분수를 사용했습니다.

사회가 발전하면 협업을 통한 공동 생산을 많이 하게 됩니다. 10명이 각자 생산하는 것보다 10명이 협업하면 생산물을 더 많

5명이 모둠으로 같이 일하는데, 급료로 난 9개가 지급되었습니다. 1명이 난을 얼마만큼 가져가야 할까요?

먼저 1명당 1개씩 난을 가져갑니다. 5개가 사용되고 4개가 남습니다.

남아 있는 4개의 난 중 3개를 이등분해서 5명에게 나누어 줍니다.

남아 있는 $\frac{1}{2}$ 개의 난을 $\frac{1}{2}$ 로 나누고, 1개의 난을 $\frac{1}{4}$ 로 나눠서 5명에게 나누어 줍니다.

남아 있는 $\frac{1}{4}$ 의 난을 $\frac{1}{5}$ 로 나눠서 $\frac{1}{20}$ 개를 5명에게 나누어 줍니다.

1명당 $1 + \frac{1}{2} + \frac{1}{4} + \frac{1}{20}$ 개를 공평하게 나누어 가져갑니다.

이 얻을 수 있으니까요. 특히 강물을 농토에 연결하는 관개 사업이나 피라미드 건설은 혼자 힘으로는 할 수 없으므로 공동 작업을 해야 합니다.

다른 문명권보다 공동 작업이 많았던 이집트는 일찍부터 분수, 특히 단위 분수를 사용하기 시작했습니다.

천문학과 점성술

이집트에서 나일강의 범람 시기를 예측하기 위해 하늘을 관측한 것처럼 다른 문명권에서도 해와 별을 관측했습니다. 농사를 잘 지으려면 기온과 강수량이 중요합니다. 동아시아, 인도, 서아시아, 지중해 연안은 저마다 기후가 독특하지만, 계절은 1년을 주기로 반복됩니다. 지금이 어느 때인지를 알면 과거의 경험을 바탕으로 앞으로의 날씨를 예측할 수 있습니다.

해양 문명권에서 계절풍을 이용해 장거리 항해를 하려면 원하는 바람이 언제 불지 미리 알고 준비해야 합니다. 그래서 계절을 알기 위해 태양을 관찰했습니다. 해시계를 만들어 날마다 태양의 고도가 가장 높은 시각에 그림자 끝을 표시하면 낮이 가장 긴 하지와 낮이 가장 짧은 동지를 알 수 있고, 그 사이에 춘분과 추

분을 알 수 있습니다. 처음에는 1개월은 30일, 1년은 12달 360일이라고 생각했습니다. 그렇지만 정확한 관측을 통해 1년은 365.25일이라는 것을 알게 되었습니다.

별자리를 관찰하면 계절과 방향을 알 수 있습니다. 봄철 초저녁 북동쪽 하늘을 보면 북두칠성을 관찰할 수 있습니다. 따라서 북두칠성을 봄철 별자리를 찾는 기준으로 삼았습니다. 여름밤 10시쯤 동남쪽 하늘을 보면 밝은 일등성 3개가 삼각형을 이루고 있습니다. 백조자리의 데네브, 독수리자리의 알타이르^{견우성}, 거문고자리의 베가^{직녀성}입니다. 가을에는 봄과 마찬가지로 밝은 별이 많지 않습니다. 가을 하늘에서는 큰 사각형을 찾을 수 있는데, 이를 페가수스 사각형이라고 합니다. 겨울에는 오리온자리가 별자리를 찾는 기준이 됩니다. 그리고 오리온자리의 베텔게우스,

큰개자리의 시리우스, 작은개자리의 프로키온이 겨울의 대삼각형을 이룹니다.

고대 문명 중에서 천문학이 가장 발달한 곳은 메소포타미아 문명입니다. 대부분의 문명에서는 농사와 원거리 항해를 위해 계절을 아는 것이 중요했습니다. 그래서 각 문명권의 지식인인 서기와 신관은 천문을 관측해서 기록을 남겼습니다. 하지만 메소포타미아에서는 점성술이 더해져서 천문학이 크게 발전합니다.

점성술은 천문학적인 여러 현상이 개인에게 영향을 끼친다고 생각했습니다. 따라서 태양과 달, 행성의 위치에 따라 개인의 성격을 설명하고 미래를 예측할 수 있다고 믿었습니다. 점성술로 개인과 국가의 미래를 예측하기 위해서는 정교한 천체 관측이 필요했고, 이러한 천체 관측의 결과로 역법이 만들어졌습니다.

역법에는 태양을 중심으로 한 태양력과 달을 중심으로 한 태음력이 있습니다. 태음력은 1삭망월이 29.5일이므로 1년을 12달이라고 했을 때 29일이 6번, 30일이 6번 있어 1년이 354일이 됩니다. 태양력에 따르면 1년은 365.25일이므로 태양력과 태음력은 1년에 11일 정도 차이가 납니다.

농업 문명이라고 할 수 있는 이집트에서는 태양력을, 메소포타미아와 중국 등 대부분의 고대 문명에서는 태음력을 사용했습니다. 농업 문명에서는 달의 영향이 크지 않지만, 어업과 항해가 중요한 해양 상업 문명에서는 달의 영향이 크기 때문입니다. 그렇지만 태음력만 사용하면 태양력과의 차이 때문에 계절을 맞추기가 어렵습니다. 그래서 3년에 한 번 윤달을 두어 태양력의 계절과 일치하게 만듭니다.

이런 역법이 발전해서 태양력과 태음력을 일치시키는 메톤 주기가 만들어집니다. 메톤 주기는 19년 동안 7번의 윤달을 배치합니다. 그러면 19년 동안 태양력과 태음력이 약 2시간 정도 차이가 나는 정교한 역법이 됩니다.

현재 우리가 사용하는 역법은 1년이 365일이고, 4년에 1번 윤년을 둡니다. 윤년일 때는 2월이 29일이므로 1년이 366일이 됩니다. 음력은 한 달이 29일과 30일일 때가 각각 6번씩 있지만, 양력은 30일이 4번, 31일이 7번, 그리고 2월만 28일입니다. 고대에는 3월이 그해의 첫 번째 달이고 2월이 그해의 마지막 달이었습니다.

바빌로니아에서는 점성술과 천문학의 영향으로 천체 관측을 정확하게 함에 따라 수학이 발전했습니다. 시간을 나타내는 단위와 각도는 바빌로니아에서 만들어져 널리 사용되었습니다. 시간에서 사용되는 단위는 12와 30입니다. 1년은 12달, 1개월은 30일로 생각했기에 12와 30이 시간의 단위에서 먼저 사용되었습니다. 바빌로니아는 다른 문명권과는 다르게 1시간을 60분으로 나누고 1분을 60초로 나누는 육십진법을 사용했습니다.

왜 60을 사용했을까요? 12와 30의 최소 공배수는 60입니다. 그리고 바빌로니아의 숫자는 육십진법이지만 육십진법 안에서는 십진법을 기준으로 사용하고 있습니다. 12와 10의 최소 공배수도 60입니다.

동양에서도 10간^{천간}과 12지를 같이 사용하면 육십진법이 만들어집니다. 10간은 '갑, 을, 병, 정, 무, 기, 경, 신, 임, 계'이고, 12지는 '자, 축, 인, 묘, 진, 사, 오, 미, 신, 유, 술, 해'입니다. 처음 갑자년이 시작되고 다음이 을축년, 그리고 병인년으로 이어집니다. 마지막은 계해년이 되고, 그다음 해는 다시 갑자년이 됩니다. 이처럼 동양의 해는 60년을 한 단위로 하고 있습니다.

미터법을 사용하기 시작하면서 대부분의 측정 단위는 십진법을 사용하고 있지만, 시간의 단위에서는 1시간은 60분, 하루는 12(24)시간, 1개월은 30일을 사용하고 있습니다.

천체를 관측하면 각도를 많이 사용하게 됩니다. 태양이나 별자리는 시간에 따라 일정한 각도만큼 이동하기 때문에 정확한 각도를 측정하는 것이 중요합니다. 대부분의 수 체계가 십진법을 기준으로 하고 있어서 시간에서 12, 60, 그리고 360으로 나누는 것에 익숙하지 않습니다. 왜 바빌로니아에서는 각도를 360으로 나누었을까요?

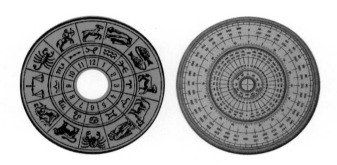

고대 바빌로니아의 달력을 보면 원형 판에 12달과 360일을 나타내고 있습니다. 우리가 사용하는 360도 각도기와 비슷합니다. 원주를 따라 360을 표현한 달력의 영향으로 360도가 사용되었다고 추측하는 학자들이 많습니다.

이와 달리 360이 원을 등분할 때 나누어떨어지는 숫자가 많아서 사용하게 되었다고 보는 학자들도 있습니다. 360은 원을 2등분, 3등분, 4등분, 5등분, 6등분, 8등분, 9등분, 10등분, 12등분할 수 있어서 원을 등분할 때 편리합니다.

대부분의 단위가 십진법을 사용하고 있지만, 시간과 각도에서는 메소포타미아 문명의 영향으로 12, 60, 360을 사용합니다.

그리스 철학

아고라에서 발달한 논리학

다른 문명권에서는 왕과 관료제가 발달했지만, 그리스는 직접 민주제를 바탕으로 한 시민 사회가 발달했습니다. 모든 시민이 참여하는 토론을 통해 중요한 결정을 내리기 때문에 다른 시민을 설득하기 위해서는 논리적으로 사고하고 표현하는 것이 중요합니다. 이 영향으로 그리스에서는 논리적 사고를 바탕으로 한 학문이 시작됩니다.

폴리스와 아고라

그리스에는 산이 많아서 골짜기 사이 평지를 중심으로 도시가 발달했습니다. 도시 사이는 산으로 가로막혀 있어서 육상 교통이 발달하기 어려웠기 때문에 일찍부터 바다를 통한 해상 교통이 발달했습니다.

그리스의 중심 도시인 아테네와 코린토스는 상업과 해양 무역으로 발전하게 됩니다. 여름에 거의 비가 오지 않는 척박한 환경 때문에 이런 환경에서도 잘 성장하는 포도와 올리브를 주로 생산했고 곡식은 교역을 통해 조달했습니다. 농업이 기반인 스파르타와 같은 일부 도시를 제외하고는 대부분 해양 상업 문명이라고 할 수 있습니다. 농사를 짓지 않으니 대규모 관개 사업을 하지 않아도 되었고, 자연스레 공동 노동도 필요하지 않아서 각각의 도시는 독립적으로 발전하게 됩니다.

이집트와 중국 같은 지역에서는 왕과 관료를 중심으로 한 통일 국가가 나타났지만, 그리스는 작은 폴리스도시 국가들이 독립적으로 발전했습니다. 폴리스의 중요한 안건은 아고라에서 모든 시민이 모여 토론해서 결정했습니다. 왕이 관료에게 명령하는 것이 아니라 시민들이 동등한 자격으로 의견을 내고 다른 시민들을 설득해야 했지요.

특히 민회에서는 주요 결정 사항을 토론을 진
행한 후 다수결로 결정을 했기 때문에 다른 사
람들을 설득하는 능력이 중요했습니다. 따라서

당시 폴리스의 시민인 성인 남성은 누구나 기본
교양으로 수사학이 필요해졌습니다. 재산이 많거나 정계로 진출
하려는 사람들은 자신의 재산을 지키고 정치적 명성을 유지하기
위해 많은 수업료를 지불하고 논리적으로 설득하는 방법인 변론
학, 수사학을 배웠습니다. 그 결과로 그리스에서는 다른 문명권
과는 달리 토론 문화가 꽃피게 됩니다. 모든 시민이 참여하는 민
회를 통해 중요한 의사 결정을 하는 그리스의 직접 민주제는 수

소피스트

기원전 5세기경 그리스 아테네를 중심으로 활동한 소피스트들은 변론을 가르치던 철학 사상가이자 교사였습니다. 소피스트보다 먼저 활동한 그리스 철학자들은 자연 현상의 궁극적인 원리에 대한 믿음을 가지고 있었지만, 소피스트는 보편적 진리에 대한 의구심을 가지고 상대적 진리를 추구했습니다.

소피스트가 활동한 시기에는 자연과 세상을 바라보는 다양한 철학적 관점이 등장했기 때문에 철학 사상에 대한 검증이 필요했고, 인간이 만들어 낸 사상과 윤리도 불완전할 수밖에 없다는 회의론이 등장하면서 상대주의를 강조한 소피스트의 주장이 힘을 얻습니다. "인간은 만물의 척도이다."라고 주장한 프로타고라스는 진리의 주관성과 상대주의를 주장했습니다.

플라톤과 아리스토텔레스는 소피스트가 철학적 내용을 담지 않는 공허한 말장난을 퍼뜨리는 궤변론자라고 비판했습니다. 하지만 수사학과 문법의 발전을 촉진하고, 지식인의 교양 수준을 높이는 역할을 비롯해 상대주의적 가치관을 제시하면서 그동안 절대적 진리라고 여겼던 것을 이성적으로 다시 생각해 보는 계기를 마련해 주었습니다.

평적 토론 문화를 발전시켰고, 이로써 사회에 논리적 사고를 바탕으로 하는 철학적 기풍이 자리 잡게 됩니다.

대부분의 문명에서는 직각 삼각형의 정리피타고라스의 정리의 결과

만을 실생활에 사용했지만, 그리스에서는 논리적 증명을 통해 근본적인 원리를 찾아냈습니다. 직각 삼각형의 정리를 논리적으로 분석하고 증명한 다음 기록한 것입니다. 다른 문명권에서는 지식으로 통용되던 것이 그리스에서는 근본적인 원리를 찾고 엄밀한 기초 위에 논리적 성과를 쌓아 올리는 학문으로 발전합니다.

논리학

논리학은 올바른 사고의 법칙을 연구하는 학문으로, 고전 논리학을 정리한 사람은 그리스의 철학자 아리스토텔레스입니다. 그는 인간의 사고방식에는 타당한 형식과 부당한 형식이 있는데, 그 타당한 형식을 식별해 주는 방법을 체계화했습니다. 아리스토텔레스 논리학의 특징은 연역 추리의 타당성이 '논증'에 따른다는 것이며, 그의 논리학을 형식 논리학이라고 부릅니다.

삼단 논법이란 "B→C이고 A→B이면 A→ C이다."와 같은 형태로 정리할 수 있는 연역적 추리법입니다. 2개의 전제와 1개의 결론으로 이루어진 간접 추리 논법으로, 정언定言 삼단 논법이라고 합니다.

> 대전제 → 모든 사람은 죽는다. (사람 ⊂ 죽는다)
>
> 소전제 → 철수는 사람이다. (철수 ⊂ 사람)
>
> 결론 → 따라서 철수는 죽는다. (철수 ⊂ 죽는다)

형식 논리학의 세 가지 사고의 법칙은 다음과 같습니다.

첫째, 긍정 판단인 동일률同一律은 'A는 A다.' 또는 A=A, A⊂A, A≡A 등으로 표시하며, 모든 대상은 그 자체와 같다는 형식 논리학의 근본 원리입니다. 또한 동일률은 내용과 표현이 동일한 것, 즉 의미와 지시 대상이 동일한 것을 의미합니다. 이를테면 '플라톤은 플라톤이다(A=A).'는 자명한 진술입니다. 그런데 '플라톤은 철학자이다(A⊂A).'는 외연과 층위를 따진 다음에 동일률을 어기지 않았다는 것을 알 수 있습니다. 반면 '플라톤은 소크라테스이다.'는 동일률을 어긴 것입니다. 이처럼 동일률은 논리 추론을 할 때 어기지 않아야 하는 원칙을 강조하는 개념입니다. 특히 한번 사용한 개념과 판단은 이후에도 똑같이 적용해야 합니다. 동일률은 너무나 당연해서 의미가 없어 보이지만 이 원칙을 지키지 않으면 사유나 추론에 오류가 생깁니다. 그래서 아리스토텔레스는 동일률을 추론과 사유의 첫 번째 원리로 설정했습니다.

둘째, 부정 판단인 모순율矛盾律은 어떤 명제와 그 명제의 부정이 동시에 참이거나 동시에 거짓일 수 없다는 것입니다. 예를 들면 '죽는 것이면서 동시에 사는 것은 불가능하다.'와 같은 부정 판단에서 '죽는다'와 '산다'는 동시에 참이 될 수 없습니다. 또한 '삼각형은 네 변으로 구성되어 있다.'라는 것은 모순입니다. 삼각형이라는 주어에 이미 세 변이라는 것이 함의되어 있으며, 주어와 술어가 상치되기 때문입니다. 둘 다 거짓일 수 있는 반대反對와 달리, 모순矛盾은 하나가 참이면 다른 하나는 거짓이며, 하나가 거짓이면 다른 하나는 참입니다. 모순율을 논리 기호로 표시하면 '~(p∧~p)'로, 모든 명제 p에 대해, p와 비非p가 동시에 참일 수 없다는 것입니다. 따라서 동일률의 부정인 'p는 p가 아니다.'는 언제나 거짓인 모순율입니다.

셋째, 선언 판단인 배중률排中律은 명제의 참과 거짓만 있고 중간은 없다는 추론의 원리입니다. 'p∨~p'로 표시되는 배중률에서 상호 모순되는 명제 중 하나는 반드시 참이고, 그 밖에 제3의 논릿값은 없습니다. 바꾸어 말하면 모순되는 명제의 중간을 없애야 한다는 논리 추론의 방법입니다. 이를테면 '나는 배가 고프다.'라는 명제를 부정한 '나는 배가 고프지 않다.'는 배중률이므로 중간은 없습니다. 그런데 배중률은 두 명제 중 하나가 참이라고 주장할 뿐, p가 어떤 내용의 진리인가는 주장을 하지 않습니다.

논리학은 다르게 표현하면 "무엇이 올바른 추론인가?"라는 문제를 해결하려고 출발한 학문입니다. 연역 추론과 귀납 추론이 논리학의 대표적 추론 방법이고요. 아리스토텔레스의 논리학은 스토아학파를 통해 계승되었으며, 19세기 이후 불, 프레게, 러셀의 연구 과정에서 수학과 논리학의 만남을 통해 수리 논리학으로 발전합니다. 이들은 참인 모든 명제는 증명이 가능하다고 생각했습니다.

하지만 20세기 초 괴델의 불완전성 정리로 이런 생각은 바뀌게 되고, 이후 논리학은 모형 이론과 집합론, 철학적 논리학으로 발전합니다.

제논의 역설

언뜻 보면 일리가 있는 주장인 것처럼 보이지만, 자세히 살펴보면 논리적인 모순을 일으키는 논증을 역설이라고 합니다. 기원전 5세기에 제논은 당시 반박하기 어려운 여러 가지 역설을 제기했습니다. 그중 가장 대표적인 것이 아킬레스와 거북이의 경주입니다.

- 그리스에서 가장 빠른 아킬레스와 걸음이 느린 거북이가 달리기 경주를 합니다.
- 아킬레스가 1분에 100미터를 달려갈 때 거북이는 1분에 10미터를 달려갑니다.
- 지금 거북이는 아킬레스보다 100미터 앞에서 경주를 시작합니다.
- 아킬레스가 100미터 이동할 동안 거북이는 10미터 이동합니다.
- 아킬레스가 10미터 이동할 동안 거북이는 1미터 이동합니다.
- 아킬레스가 거북이를 따라가면 그 시간만큼 거북이는 앞으로 이동하므로 아킬레스는 영원히 거북이를 따라잡을 수 없습니다.

 달리기 경주를 시작하고 아킬레스와 거북이의 위치를 그래프로 나타내 봅니다. 원점을 중심으로 오른쪽은 시간, 위쪽은 거리를 나타냅니다. 점선은 거북이의 위치이고 실선은 아킬레스의 위치입니다.

 1분이 지나면 거북이는 110미터 지점에 있고 아킬레스는 100미터 지점에 있습니다. 2분이 지나면 거북이는 120미터 지점에, 아킬레스는 200미터 지점에 있습니다. 1분이 지나고 얼마 후 아킬레스는 거북이를 추월합니다. 그런데 제논은 아킬레스가 영원

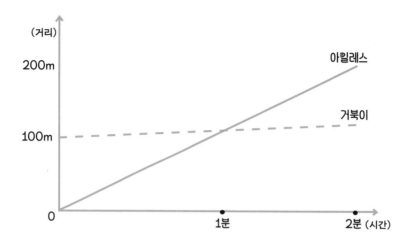

히 거북이를 따라잡을 수 없다고 주장합니다. 제논의 주장에서
어느 부분이 잘못되었을까요?

사실 이 그래프를 보면 아킬레스가 거북이를 추월한다는 것을
쉽게 알 수 있습니다. 같은 시간에 점선 위치에서 실선 위치를
빼면 0이 나오는 것은 둘의 위치가 원점에서 같은 거리만큼 떨어
졌다는 뜻이고, 양수가 나오는 것은 점선의 위치가 실선 위치보
다 앞이라는 것을 뜻합니다. 1분이 지났을 때는 분명히 거북이
가 앞서 있지만 1분 12초가 지났을 때는 아킬레스가 거북이보다
앞서 있습니다.

시간에 따른 위치를 표시하는 그래프를 사용하면 쉽게 이해할

수 있지만 "아킬레스가 앞선 거북이의 위치까지 오는 동안 거북이는 전진하고, 또 아킬레스가 그 차이만큼 쫓아오면 거북이는 그 시간만큼 전진해서 얼마만큼은 앞서 있고……."라는 역설의 잘못된 부분을 당시에는 밝혀내지 못했습니다. 좌표와 그래프는 17세기 이후에 사용하기 시작했으니까요.

여기서 우리는 한 가지 정리할 것이 있습니다. "어떤 것을 무한히 합하면 무한이다."라는 명제와 "어떤 것을 무한히 합해도 유한이다."라는 명제입니다. 사실은 '어떤 것'이 무엇이냐에 따라 달라집니다.

아무리 작아도 어떤 양수를 계속해서 무한히 더하면 무한이 됩니다. 예를 들어 0.1을 무한히 더하면 무한이 됩니다.

$$0.1 + 0.1 + 0.1 + \cdots : 무한$$

그렇지만 점점 줄어드는 수를 무한히 더하면 무한이 아니고 유한한 값이 됩니다. 앞 수에 $\frac{1}{2}$을 곱해서 만들어지는 수를 무한히 더하면 1이 됩니다.

$$\frac{1}{2} + \frac{1}{4} + \frac{1}{8} + \frac{1}{16} + \cdots = S = 1$$

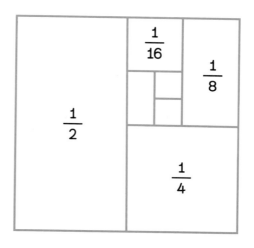

즉, 어떤 수를 무한히 더해도 유한한 값을 가지는 것이 있음을 알 수 있습니다.

제논의 역설이 나온 당시에는 어떤 것을 무한히 더하면 무한이라고 생각했습니다. 앞의 그래프에서 1분이 지났을 때 거북이의 위치는 110미터이고 아킬레스의 위치는 100미터이니까요. 처음 경주를 시작할 때 거북이와 아킬레스의 차이는 100미터이고, 1분이 지나서는 10미터이지만 그 차이는 영원히 존재할 것이라는 제논의 역설은 무한하게 어떤 값을 더한 것이 유한한 값을 가지게 될 수 있다는 것이 밝혀지면서 해결되었습니다.

거북이와 아킬레스의 차이가 처음에는 양수 값이지만 어느 순간에 0이 되고 그 이후로는 음수 값을 가지게 된다는 것은 아킬레스가 거북이를 추월한다는 것을 보여 줍니다. 제논의 역설이 해결되는 순간입니다.

　제논의 역설은 무한의 문제를 풀어야 하는 과제를 제시했고, 이는 수학의 발전에 도움을 주었습니다.

기하학 원론

　《기하학 원론》은 유클리드가 기원전 300년경에 집필한 책입니다. 라틴어와 아랍어로 번역한 필사본으로 전해지다가 15세기에 베니스에서 처음 인쇄되었으며, 영어 번역본은 1570년에 출간되었습니다.

- 1권: 직선, 각, 삼각형, 평행선 공리, 피타고라스 법칙
- 2권: 도형의 넓이
- 3권: 원의 성질
- 4권: 정다각형과 원의 내접과 외접
- 5권: 비율, 비례식
- 6권: 닮은꼴 도형
- 7~9권: 수와 수의 비율

- 10권: 무리수

- 11~13권: 입체 기하학

원론은 수학의 논리적 근원이라 할 수 있는 '공리 체계'를 처음으로 도입했습니다. 기하학을 이루는 기본 요소로 정의, 공리, 공준을 제시함으로써 10개의 공리로 465개의 명제를 유도해 냈습니다.

이런 방법론은 아리스토텔레스의 연역적 논리 체계에 대한 모범이자, 수학의 증명법의 모범이 되었습니다. 유클리드 이전에도 많은 수학자들이 유클리드가 증명해 낸 성과들을 알고는 있었지만, 유클리드는 이러한 명제가 포괄적이고 연역적이며 논리적인 시스템에 들어가서 명징하게 증명되는 것을 보여 주었습니다. 유클리드 기하학은 좌표를 사용하지 않고 공리에서 명제로 논리적으로 진행된다는 점에서 좌표를 사용하는 해석 기하학과는 대조가 되는 논증 기하학입니다.

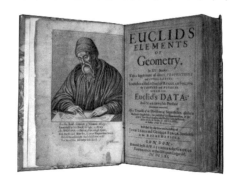

원론은 논리적 기초를 세우기 위해 23개의 정의와 10개의 공리(5개는 기하학적 공리로 '공준'이

라고 하지만 현재는 공리와 공준을 구분하지 않고 사용합니다)로 체계를 구성합니다. 정의와 공리로 논리적 출발점을 명확하게 함으로써 의심의 여지가 없는 기하학의 체계를 만들고, 이를 바탕으로 학문적인 발전을 이룹니다.

정의: 점, 선, 면, 각, 원, 반원, 삼각형,
사각형, 평행선 등이 무엇인지 정의한 것입니다.

1. '점'은 넓이가 없는 위치이다.

2. '선'은 폭이 없는 길이이다.

3. 선의 양 끝은 점으로 이루어져 있다.

4. '직선'은 점들이 고르고 균등하게 놓여 있는 것이다.

5. '면'은 길이와 폭을 갖고 있다.

6. '면'의 끝은 선으로 이루 어져 있다.

7. '평면'은 직선이 고르고 균등하게 놓여 있는 것이다.

8. '평면각'은 한 평면 위에 있는 두 선의 기울기로, 두 선은 만나지만 같은
   직선 위에 놓여 있지는 않다.

9. 각을 낀 두 선이 직선일 때 그 각을 직선각이라고 한다.

10. 두 직선이 만나고 서로 이웃한 각이 같을 때 두 각은 직각으로 불리며 두
    선은 서로 수직이다.

11. 둔각은 직각보다 큰 각이다.

12. 예각은 직각보다 작은 각이다.

13. 경계는 모든 것의 끝이다.

14. 도형은 경계를 가지고 있는 것이다.

15. 원은 한 점으로부터 길이가 같은 직선이 뻗어 나갔을 때 만나는 점들로
    둘러싸여 만들어진 평면 도형이다.

16. 처음 기준이 된 점은 원의 중심이라고 한다.

17. 지름이란 원의 둘레에서 원의 중심을 거쳐 원의 둘레로 이어진 직선을 말
    하며, 또한 원을 반으로 나누는 선이다.

18. 반원이란 원의 지름과 지름이 자른 조각 하나로 이루어진 것이다. 반원의 중심은 원의 중심과 같다.

19. 다각형이란 직선으로 이루어진 것으로, 삼각형은 3개의 직선, 사각형은 4개의 직선으로 이루어진 것이며, 그 이상은 다각 도형이라고 한다.

20. 삼각형 중 정삼각형은 3개의 변의 길이가 같은 것이고, 이등변 삼각형은 2개의 변의 길이가 같은 것이며, 부등변 삼각형은 모든 변의 길이가 다른 삼각형이다.

21. 직각 삼각형은 직각을 가지고 있는 삼각형이며, 둔각 삼각형은 둔각을 가지고 있는 삼각형이고, 예각 삼각형은 예각만 가지고 있는 삼각형이다.

22. 사각형 중 정사각형은 네 변이 모두 같으며 직각으로만 이루어져 있는 것이고, 직사각형은 직각으로만 이루어져 있지만 네 변이 모두 같지는 않다. 마름모는 네 변이 모두 같지만 직각으로 이루어져 있지 않고, 평행 사변형은 마주 보는 각과 변은 서로 같지만 네 변과 각이 모두 같지는 않다.

23. 평행은 두 선이 같은 방향으로 계속해서 연장되어도 서로 만나지 않는 것이다.

◆◇ ～～～～～～～ 10개의 공리 ～～～～～～～ ◆◇

공리: 학문상의 원리로 사용되는 데 있어
의심의 여지가 없는 것을 공리라고 합니다.

1. 동일한 것과 같은 것들은 모두 서로 같다.

α=b, α=c → b=c

2. 같은 것에 어떤 같은 것을 더하면 그 전체는 서로 같다.

   $a=c, b=d \rightarrow a+b=c+d$

3. 같은 것에 어떤 같은 것을 빼면 그 나머지는 서로 같다.

   $a=c, b=d \rightarrow a-b=c-d$

4. 서로 일치하는 것은 서로 같다.

5. 전체는 부분보다 크다.

공준: 기하학의 원리로 사용하는 데 의심의 여지가 없는 것을 공준이라고 합니다.
공리와 공준은 같은 의미로 사용되어 10개의 공리라고 합니다.

1. 서로 다른 두 점이 주어졌을 때, 그 두 점을 잇는 직선을 그을 수 있다.

2. 임의의 선분을 양 끝으로 계속 연장할 수 있다.

3. 서로 다른 두 점 A, B에 대해, 점 A를 중심으로 하고 선분 AB를 반지름으로 하는 원을 그릴 수 있다.

4. 모든 직각은 서로 같다.

5. 임의의 직선이 두 직선과 교차할 때, 교차하는 각의 내각의 합이 두 직각 (180도)보다 작을 때, 두 직선을 계속 연장하면 두 각의 합이 두 직각보다 작은 쪽에서 교차한다. (평행선의 공리, 제5 공준)

✧✦ ～～～～～ 평행선의 공준 ～～～～～ ✧✦

5개의 공준 중에서 5번째 공준이 평행선의 공준입니다. 공준은 증명 없이도 사실로 받아들일 수 있는 명제여야 하는데 평행선의 공준은 다른 공준과 달리 직관적으로 받아들여지지 않았습니다. 그래서 수학자들은 다른 4개의 공준으로 평행선의 공준을 증명하려고 했지요. 그러나 《기하학 원론》이 나온 후 2000년 동안 이 문제는 해결되지 않았습니다.

이후 평행선 공준은 증명될 수 없고, 이것이 성립하지 않는다고 가정해도 모순이 일어나지 않는다는 것이 밝혀졌습니다. 그리고 평행선 공준이 성립하지 않는다는 전제에서 출발해 구면 기하학이나 쌍곡면 기하학이 발전하게 됩니다.

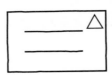

평면 기하학

구면 기하학

쌍곡면 기하학

피타고라스의 정리

이집트에서는 기원전 2000년 세 변의 길이의 비가 3 : 4 : 5인 직각 삼각형에 대한 파피루스 기록이 나옵니다. 함무라비왕 치세의 메소포타미아 점토판에 직각 삼각형의 세 변의 길이에 대한 기록이 있고, 기원전 5세기경 중국에서 작성된 천문 수학서 《주비산경》에 "구고현의 정리(피타고라스의 정리 옛 용어)"가 나와 있습니다. 구는 3, 고는 4, 현은 5로, 직각 삼각형의 넓이를 구할 수 있습니다.

기하학의 정리 중에서 실생활에 널리 사용되는 것은 직각 삼각형의 정리입니다. 직각 삼각형에서 두 변의 길이를 알면 다른 한 변의 길이를 알 수 있는 것과 수직을 만드는 것은 건축에서 중요합니다.

고대 문명이 발전하면서 성곽을 쌓고 신전과 궁전을 짓는 등 높은 건물을 만들게 됩니다. 목재로 만든 성곽은 적의 불화살 공격에 취약하고, 나무로는 높고 큰 신전을 만들기 어려운 데다 사용 기간이 짧아 영원불멸을 상징하는 신전의 재료로 적당하지 않습니다. 그래서 성곽과 신전은 목재가 아닌 석재나 벽돌로 만들었습니다.

무거운 석재를 수직으로 쌓아 올리지 않으면 무너지므로 수직을 활용하는 것은 중요합니다. 고대의 건축가는 12개의 매듭이 있는 밧줄로 직각 삼각형을 만들었습니다. 한 변의 길이가 3, 4, 5인 삼각형을 만들면 직각 삼각형이 됩니다.

대부분의 문명권에서 직각 삼각형의 원리를 알고 사용했지만, 논리적 방법으로 증명을 하고 사용한 것은 그리스 문명입니다. 단지 지식으로 유용하게 사용한 것이 아니라 철저한 논증과 이론 체계를 갖춰 학문으로 발전할 수 있는 토대를 만든 것이지요. 기하학 원론과 논리학은 그리스 문명의 결정체이자 중세와 근현대를 관통하는 학문의 출발점이라고 볼 수 있습니다.

이슬람 수학

상업이 발달시킨 실용 수학

이슬람 문명은 중국과 유럽을 이어 주는 동서양 교역로의 중심에 있습니다. 교역로의 중심은 상품 거래뿐만 아니라 다양한 문화와 학문적 성과들이 유입되고 섞이면서 발전하게 됩니다. 이슬람은 그리스와 로마, 이집트, 페르시아, 중국, 인도 등 다양한 지역의 학문적 성과를 아랍어로 번역해 발전시킵니다. 이슬람에서는 모든 학문이 발전했지만, 특히 의학·화학·천문학·지리학이 발달하고 수학에서도 대수학, 삼각비와 같이 현실에서 활용할 수 있는 실용 수학이 발달합니다.

상업 문명과 지혜의 집

이슬람 문명의 발상지라고 할 수 있는 아라비아 반도는 남부 해안과 오아시스를 제외하고는 농사를 짓기 어려운 환경입니다. 그래서 일찍부터 상업이 발달했습니다. 다른 지역은 가까운 거리에서 생산된 상품이 거래되지만, 중국과 유럽을 잇는 교역로의 중심에 자리한 서아시아에는 비단·차·향신료와 같은 고가의 상품이 시장에 넘쳐 나고 교역이 활발하게 이루어집니다. 특히 중국과 인도를 비롯한 동남아시아와 유럽을 잇는 교역로, 즉 대상들이 이용하는 비단길이나 무역선이 이용하는 바닷길 모두 서아시아를 지날 수밖에 없었기 때문에 이슬람은 중계 무역을 독점하면서 많은 부를 축적할 수 있었습니다.

상업 문명은 새로운 지식과 문화에 개방적입니다. 상품을 사고팔기 위해서는 상품에 대한 이해뿐만 아니라 고객에 대한 이해가 필요합니다. 따라서 이슬람은 다른 문화권의 지식과 문화를 편견 없이, 그리고 과감하게 받아들일 수 있었습니다.

상업 발달로 국력이 강력해진 이슬람 제국은 학문을 장려하고, 문화적 활동을 지원했습니다. 이슬람은 약 2세기 동안 고대 그리스, 이집트, 페르시아, 인도의 모든 중요한 문헌을 번역하고 다양한 종교인, 지식인, 학자들을 우대해서 학문을 발전시켰습니다. 특히 아바스 왕조는 칼리프를 중심으로 바그다드에 '지혜의 집'을 만들어 고전 번역과 학자들의 연구를 뒷받침하면서 이슬람 문명의 전성기를 맞이하게 됩니다. 역사가들은 이슬람의 이런 노력이 없었다면 고대 그리스와 인도, 이집트의 학문이 후대로 전승되기 어려웠을 것이라고 평가하고 있습니다.

이슬람은 천문학, 수학, 연금술^{화학}, 의학, 지리학에서 큰 학문적 성과를 이루었습니다. 그리스 학문이 본질적인 이데아를 추구하는 형이상학적 학문이라면 이슬람 학문은 현실 생활에 도움을 주는 실용 학문으로 발달했습니다.

이슬람에서는 상업 발달의 영향으로 천문학과 지리학이 발달합니다. 상인들이 사막을 가로질러 먼 거리를 이동해야 하고, 무역선을 타고 먼 거리를 항해해야 할 때 자신의 위치를 정확하게 알고 언제 어떤 바람이 불지 알기 위해서는 천문 관측과 지리적 · 공간적 특성을 잘 아는 게 중요합니다.

15세기 유럽에서 대항해 시대가 시작되기 이전에는 대륙과 대륙을 연결하는 원양 항해는 이슬람 선원만 가능했을 만큼 이슬람 문명은 뛰어난 항해술과 조선술을 가지고 있었습니다. 바그다드와 메카를 중심으로 지중해, 아프리카 동부 해안, 인도, 말라카(믈라카의 옛 이름) 해협, 중국을 이어 주는 원양 항로가 개척되어 낙타와 말로 상품을 운반하는 육상 교역보다 대량의 상품을 수월하게 운반할 수 있어 해상 무역은 더 번성하게 됩니다.

과학에서 특징적인 것은 연금술의 발달입니다. 연금술은 값싼 납이나 철을 가공해서 고가의 금으로 바꾸는 것을 목적으로 시작되었습니다. 비록 연금술로 금을 만드는 데는 실패했지만, 그 과정에서의 결과물들이 화학으로 발전하는 계기가 되었습니다. 화학 chemistry, 알코올 alcohol, 알칼리 alkali와 같은 학술 용어뿐만 아니라 설탕 sugar, 캔디 candy, 시럽 syrup, 커피 coffee, 셔벗 sherbet, 수표 cheek, 카라반 caravan, 파자마 pajamas, 파라다이스 paradise와 같은 식품과 일상 용어도 이슬람에서 시작되었습니다.

이슬람에서는 의학과 생리학도 크게 발달했습니다. 이슬람 의학은 고대 메소포타미아와 이집트에 뿌리를 두고 있습니다. 지금으로부터 4000년 전 메소포타미아 지역에서는 생약과 외과 수술을 시행한 기록이 있고, 기원전 16세기 이집트 파피루스에는 800개 이상의 의학 처방과 약초가 기록되어 있습니다. 고대의 의학은 그리스에 전해지고 다시 이슬람에 전해져 크게 발전하게 됩니다.

이슬람은 그리스, 로마의 의학 지식을 번역해서 발전시켰을 뿐만 아니라 임상 실험 결과를 자세히 기록해서 의학 수준을 크게 높였습니다. 아랍의 히포크라테스라고 불리는 이븐 시나는 알코올을 소독제로 사용했고, 여러 종류의 병과 치료법을 상세히 기록한 《의학정전》을 집필했습니다. 《의학정전》은 19세기까지 유럽과 아시아의 의과 대학에서 교재로 사용되었습니다.

이집트와 메소포타미아, 그리스에서 꽃피었던 고대 문명이 로마 제국 멸망 이후 유럽에서는 사라졌지만 이슬람에서 보존하고 발전시켜서 다시 유럽과 전 세계에 전해지게 된 것입니다.

대수학

기하학이 유클리드의 《기하학 원론》으로 집대성되었다면 대수학은 무하마드 알 콰리즈미의 《복원과 대비의 계산》으로 정리되고 발전됩니다. 기존의 단순한 연산이 아니라 문자와 기호를 사용하면서 방정식을 풀 수 있게 됨으로써 수학 역사상 중요한 대수학이 탄생합니다.

일차 방정식

이항과 동류항 정리를 사용하면 일차 방정식에서 일반적인 해법을 구할 수 있습니다. 이항은 유클리드 원론에서 공리로 배울 수 있지만, 보다 쉽게 관찰할 수 있는 것은 양팔 저울입니다. 양팔 저울의 한쪽에는 무게를 측정하려는 물건을 올려놓고 다른 한쪽에는 무게를 잴 수 있는 추를 올려놓습니다. 양쪽 무게가 같을 때 양팔 저울은 평형을 이룹니다. 그리고 양쪽에서 같은 무게만큼 더하거나 빼도 평형은 변하지 않습니다. 이것을 수식으로 나타내

면 다음과 같습니다.

$$a=b$$
$$a+c=b+c$$
$$a-c=b-c$$

이항을 통해서 동류항끼리 간단하게 정리하면 일차 방정식의
해를 구할 수 있습니다.

한쪽에는 7개의 구슬과 50그램의 추가 있고, 다른 쪽에는 3개
의 구슬과 70그램의 추가 있습니다. 구슬의 무게가 같다고 할 때
구슬 1개의 무게를 어떻게 구할 수 있을까요? 구슬을 ●로 표시
하고 평형을 이루는 것을 = 부호로 나타내면 다음과 같이 표현
할 수 있습니다.

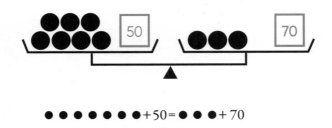

●●●●●●●+50=●●●+70

먼저 양쪽에서 구슬을 3개씩 들어냅니다.

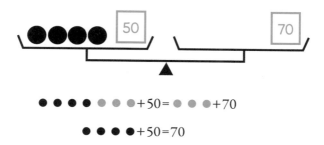

$$\bullet \bullet \bullet \bullet \bullet \bullet \bullet \bullet + 50 = \bullet \bullet \bullet \bullet + 70$$

$$\bullet \bullet \bullet \bullet + 50 = 70$$

다음으로 양쪽에서 50그램씩 들어냅니다.

$$\bullet \bullet \bullet \bullet + 50 - 50 = 70 - 50$$

$$\bullet \bullet \bullet \bullet = 20$$

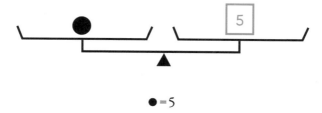

구슬 4개의 합이 20그램이므로 양쪽을 4로 나누면 구슬 1개의 무게는 5그램이 됩니다.

$$\bullet = 5$$

미지수 x는 16세기 데카르트 이후에 사용되었고, 그 이전에는 '어떤 수'라고 표현했습니다. "어떤 수 7개에 50을 더한 것과 어떤 수 3개에 70을 더한 것은 같다."라는 문제가 있습니다. 미지수와 어떤 수는 같은 의미이므로, 미지수 x를 사용해서 문제를 풀어 보면 다음과 같습니다.

$$7x+50=3x+70$$
$$7x-3x+50=3x-3x+70$$
$$4x+50=70$$
$$4x+50-50=70-50$$
$$4x=20$$
$$4x \div 4=20 \div 4$$
$$x=5$$

이번에는 일차 방정식의 일반적인 해를 구해 보겠습니다. 일반적인 해를 구하는 원리는 등호 양변에 같은 수나 미지항을 더하거나 빼거나 곱하거나 0이 아닌 것으로 나누어도 등호는 변하지 않는다는 성질을 이용하는 것입니다. 다른 표현으로는 이항해서 동류항을 정리하고 미지수의 값을 구하는 방법입니다. 이 방법으로 일차 방정식의 해를 구하면 다음과 같습니다.

x는 미지수, A, B, C, D는 상수, A≠C

$$AX+B=CX+D$$
$$AX-CX+B=CX-C X+D$$
$$(A-C)X+B=D$$
$$(A-C)X+B-B=D-B$$
$$(A-C)X=(D-B)$$
$$X=(D-B)\div(A-C)$$

이차 방정식

정사각형의 넓이를 활용한 기하학적 해법으로 이차 방정식의 해를 구했습니다. 그 이전에도 이차 방정식의 특수한 해법은 있었지만, 일반적인 해법을 알 콰리즈미의 업적이라고 할 수 있습니다.

《알자브르Al-jabr》는 알 콰리즈미가 일차 방정식과 이차 방정식을 체계적으로 푸는 방법을 보여 주는 교과서입니다. 알 콰리즈미는 이차 방정식이 제곱, 근, 수로 구성되어 있다고 생각했습니다. 방정식 $x^2+3x+4=0$은 1개의 제곱(x^2)과 3개의 근($3x$), 그리고 1개의 수(4)로 이루어집니다.

알 콰리즈미는 일차 방정식과 이차 방정식을 6개의 유형으로 분류하고 음수인 해는 존재할 수 없다고 생각했습니다.

- 제곱이 근과 같다. $(ax^2 = bx)$
- 제곱이 수와 같다. $(ax^2 = c)$
- 근이 수와 같다. $(bx = c)$
- 제곱과 근이 수와 같다. $(ax^2 + bx = c)$
- 제곱과 수가 근과 같다. $(ax^2 + c = bx)$
- 근과 수가 제곱과 같다. $(bx + c = ax^2)$

정사각형을 이용해서 $x^2+10x=39$의 해를 구해 보겠습니다. 먼저 x^2의 계수를 1로 만듭니다. 만약 문제가 $3x^2+12x=39$라면 등호 양변을 3으로 나누어 x^2의 계수를 1로 만듭니다.

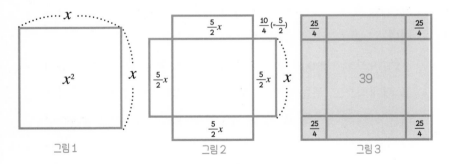

그림1   그림2   그림3

정사각형의 4개의 변에 직사각형을 만들어야 합니다. 4개 변 넓이의 합이 $10x$가 되어야 합니다.

$$4A = 10x$$
$$A = \frac{5}{2}x$$

A의 한 변은 x이므로 나머지 한 변의 길이는 $\frac{5}{2}$가 됩니다.

그림 2와 같이 가운데에 한 변의 길이가 x인 정사각형과 네 변에 한 변의 길이가 x이고 다른 변의 길이가 $\frac{5}{2}$인 직사각형이 만들어집니다.

그림 3과 같이 네 귀퉁이에 넓이가 $\frac{25}{4}$인 정사각형을 붙여 큰 정사각형을 만듭니다.

$$x^2 + 10x = 39$$
$$x^2 + 10x + 4 \times \frac{25}{4} = 39 + 4 \times \frac{25}{4}$$

$$x^2 + 10x + 25 = 39 + 25$$

등호 왼쪽은 정사각형이므로 반드시 완전 제곱이 됩니다. 물론 등호니까 등호 오른쪽도 반드시 완전 제곱수가 됩니다.

$$(x^2 + 10x) + 25 = 64$$
$$(x + 5)^2 = 64$$

$$x + 5 = 8$$
$$x = 3$$

이렇게 정사각형으로 만들어 완전 제곱을 이용해서 이차 방정식의 해를 구할 수 있습니다.

다른 방식으로 이차 방정식을 풀 수도 있습니다. 정사각형을 이용해 $x^2 + 4x = 5$를 풀어 보겠습니다. 먼저 정사각형 x^2을 만들고 오른쪽과 아래쪽으로 $2x$ 직사각형을 만듭니다. 그리고 오른쪽 아래 정사각형을 만들어 전체가 큰 정사각형이 되도록 합니다.

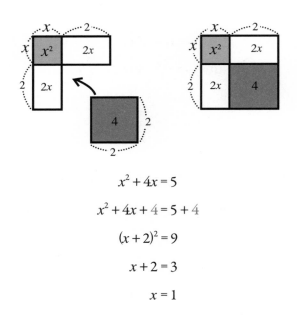

$$x^2 + 4x = 5$$
$$x^2 + 4x + 4 = 5 + 4$$
$$(x + 2)^2 = 9$$
$$x + 2 = 3$$
$$x = 1$$

일차 방정식은 양팔 저울의 원리를 이용한 '이항과 동류항 정리'를 통해 해를 구할 수 있고, 이차 방정식은 정사각형과 '완전제곱'을 이용해서 해를 구할 수 있습니다. 그리고 오마르 하이얌은 원뿔 곡선을 이용해서 삼차 방정식의 기하학적 해법을 연구했습니다.

교역과 원거리 항해

고대 그리스의 천문학자들은 밤하늘의 별을 관찰하면서 별들 사이의 거리를 정확하게 측정하고 싶었습니다. 히파르코스는 개기 일식 때 지구 위의 두 지점과 달의 한 점의 각도를 측정해서 지구와 달 사이의 거리를 구하는 데 삼각법을 사용했습니다. 직각 삼각형에서 한 각과 높이를 알 수 있으면 빗변의 길이를 알 수 있습니다. 이는 삼각비와 삼각 함수의 출발점이 됩니다.

에라토스테네스는 비례식을 이용해서 지구 둘레의 크기를 계산했습니다. 먼저 하지 때 동일한 경도에 있는 알렉산드리아와 시에나(지금의 이집트 아스완)의 거리를 측정하고, 두 지역의 태양 위치를 관측해서 지구의 둘레를 계산한 것입니다. 시에나는 북

회귀선에 위치하기 때문에 하짓날 정오에 우물처럼 깊은 곳에서도 머리 위에서 태양을 관측할 수 있습니다. 알렉산드리아에서는 하짓날 약 7. 2도 기울어진 태양을 관측할 수 있습니다.

지구의 둘레를 x, 알렉산드리아와 시에나의 거리를 A(925킬로미터)라고 하면,

$$360 : 7.2 = x : A$$
$$x = \frac{360A}{7.2} = 46,250$$

지구 둘레의 길이는 4만 120킬로미터인데, 그 당시 측량 기술과 거리 측정의 오차를 생각하면 상당히 근접한 계산이라고 할 수 있습니다.

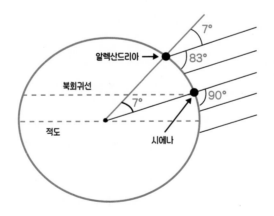

직각 삼각형에서 빗변의 길이를 1로 하고 각도에 따른 높이의 변화를 측정해서 표로 나타낸 것을 삼각 함수표라고 합니다. 각도와 높이를 알면 역으로 빗변의 길이도 알 수 있습니다.

이슬람은 처음에는 인도 천문학의 영향을 받았지만, 프톨레마이오스의 《알마게스트》가 번역되면서 그리스 천문학과 삼각법을 받아들입니다. 앞에서도 이야기했지만, 이슬람에서는 두 가지 이유로 천문학과 삼각법이 발달합니다.

하나는 상업이 경제의 근간을 이루고 있어 사막을 건너는 대상과 원양 항해를 하는 무역선 때문에 천문학이 발달합니다. 특히 원양 항해는 계절풍을 이용해야 하기 때문에 달력과 계절을 아는 것이 중요합니다.

다른 하나는 종교적인 이유입니다. 무슬림은 하루 다섯 번씩 메카를 향해 기도해야 하고, 1년 중 한 달 정도 금식 기간인 '라마단'을 지켜야 합니다. 그리고 모든 무슬림은 평생에 한 번은 꼭 성지 순례를 해야 합니다. 기도를 하거나 성지 순례를 하려면 메카 방향

메카

이슬람교 창시자인 무함마드의 출생지.

을 정확하게 알아야 하고, 무슬림에게 라마단의 시작과 끝을 알려 주려면 정확한 달력을 만들어야 해서 천문학 관찰이 중요할 수밖에 없습니다.

삼각법은 천체 관측뿐만 아니라 항해술에도 중요하게 사용됩

니다. 각도를 이용해 관측 지점부터 목표 지점까지의 거리를 구할 수 있습니다.

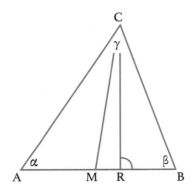

배가 A에서 B로 이동하고 있습니다. A에서 목표 C를 봤을 때 각도는 α입니다. 계속 전진해서 목표 C와 직각이 되는 위치 R까지 온 다음 AR의 길이를 측정합니다.

$$\tan \alpha = \frac{RC}{AR}$$
$$RC = AR \times \tan \alpha$$

AR의 길이와 $\tan \alpha$의 값을 알고 있으므로 R에서 C까지의 거리를 구할 수 있습니다. 천체 관측에서도 이 방법을 이용해 지구와 태양 사이의 거리, 별들 사이의 거리를 구할 수 있습니다. 삼각법과 삼각 함수의 발전으로 실제로 가 보지 않고도 거리를 구할 수 있었기 때문에 천문학과 항해술도 비약적인 발전을 하게 됩니다.

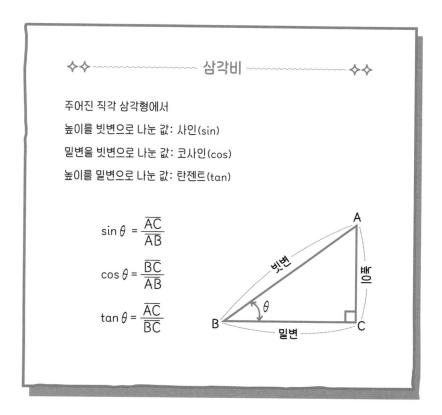

◇◇ ———— 삼각비 ———— ◇◇

주어진 직각 삼각형에서
높이를 빗변으로 나눈 값: 사인(sin)
밑변을 빗변으로 나눈 값: 코사인(cos)
높이를 밑변으로 나눈 값: 탄젠트(tan)

$$\sin \theta = \frac{\overline{AC}}{\overline{AB}}$$

$$\cos \theta = \frac{\overline{BC}}{\overline{AB}}$$

$$\tan \theta = \frac{\overline{AC}}{\overline{BC}}$$

인도 수학

철학적 사색과 0의 발명

인도는 인구가 많고 문화가 다양한 아시아 문명권입니다. 인도 문명의 특징은 사색적 전통을 가진 다양한 종교와 문화로 대변됩니다. 그리고 이런 사색적 전통을 바탕으로 한 인도 문명은 수학 역사상 최고의 발명품이라고 평가되는 0을 발명하기에 이릅니다.

진법

    자연수는 모든 문명권에서 사용되었지만, 자연수의 묶음인 진법은 문명권마다 달랐습니다. 진법을 사용하지 않으면 큰 수를 다루기 어렵기 때문에 자연스럽게 수의 묶음을 사용하게 됩니다.

    고대 문명권인 이집트, 중국, 인도는 십(10)진법을 사용했습니다. 사람의 손가락이 모두 10개여서 십진법이 널리 사용되었을 것입니다.

고대 이집트 숫자

막대기 또는 한 획	뒤꿈치 뼈	감긴 밧줄	연꽃	가리키는 손가락	올챙이	놀란 사람 또는 신을 경배하는 모습
1	10	100	1000	10000	100000	1000000

    유럽의 초기 문명에서는 십이(12)진법을 사용했습니다. 길이에서 1피트가 12인치이고 달력에서 1년이 12달인 것이 십이진법의 영향입니다. 성경에도 12지파가 나오고, 지금도 영어의 숫자에는 십이진법의 흔적이 남아 있습니다. one, two, three…

ten, eleven, twelve까지는 독립적인 수로 표기하지만 13부터는 thirteen, fourteen으로 표기합니다. 시간이 12시까지 있는 것도 십이진법의 영향이라고 볼 수 있습니다.

10부터 20까지의 수 중에서 12는 약수가 가장 많은 수입니다. 약수가 많으면 다양한 형태의 직사각형으로 만들 수 있습니다. 가로 1, 세로 12인 직사각형, 가로 2, 세로 6인 직사각형, 가로 3, 세로 4인 직사각형으로 만들 수 있어서 실제 생활에서 사용하기 편리합니다.

로마 숫자는 5(V)를 기준으로 왼쪽에 오는 수는 빼는 수이고, 오른쪽에 오는 수는 더하는 수입니다. IV는 5에서 1을 뺀 4이고, VII은 5에서 2를 더한 7입니다. 이집트의 숫자나 로마의 숫자는 0을 사용하지 않기 때문에 수가 커지면 계속해서 새로운 숫자를 만들어야 합니다.

1	2	3	4	5	6	7	8	9	10
I	II	III	IV	V	VI	VII	VIII	IX	X
20	30	40	50	60	70	80	90	100	500
XX	XXX	XL	L	LX	LXX	LXXX	XC	C	D

마야 문명은 이십(20)진법을 사용했습니다. 20세가 되면 가정을 꾸릴 수 있다고 생각해서 한 세대를 20이라고 보고 큰 수의 묶음을 20으로 정했다고 보는 학자들이 있습니다. 마야의 20은

5를 한 묶음으로 한 이십진법이라고 생각할 수 있습니다. 마야의 수학과 천문학을 높게 평가하는 이유는 0을 사용했기 때문입니다.

같은 숫자지만 위치에 따라 1을 나타내기도 하고 20을 나타내기도 하고 400을 나타내기도 합니다. 그리고 이런 위치를 명확하게 해 주는 것이 0의 역할입니다. 마야의 수에서 조개 표시^{시스}^입는 0, 점은 1, 막대기는 5를 나타냅니다. 달력은 한 달을 20일, 1년을 18달로 하고 연말 5일은 휴일로 해서 365일을 사용했습니다.

마야 숫자

0	1	2	3	4	5	6	7	8	9	10

11	12	13	14	15	16	17	18	19	20	

메소포타미아 문명은 육십(60)진법을 사용했습니다. 육십진법의 흔적은 시간의 단위에서 찾아볼 수 있습니다. 1시간은 60분이고, 1분은 60초입니다.

60은 십진법과 십이진법에서 10과 12의 최소 공배수입니다. 그런 의미로 본다면 동양에서도 연도를 표현할 때는 육십진법을 사용했다고 볼 수 있습니다. 10간과 12지를 결합해 육십진법을 사용합니다. 갑자, 을축, 병인, 정묘…계해의 60년이 만들어집니다.

19세기까지는 사람들의 평균 수명이 길지 않아서 60세까지 사는 사람이 많지 않았습니다. 사람의 한 세대는 20년이고, 할아버지와 손자까지 3대가 같이 사는 것이 일반적이었습니다. 고대 문명에서 60은 큰 수 묶음의 최대치였습니다.

마야 숫자가 5를 기준으로 한 이십진법이었다면, 바빌로니아 숫자는 10을 기준으로 한 육십진법이라고 할 수 있습니다.

바빌로니아 숫자

1	▼	11	◀▼	21	◀◀▼	31	◀◀◀▼	41	◀◀◀◀▼	51	◀◀◀◀◀▼
2		12		22		32		42		52	
3		13		23		33		43		53	
4		14		24		34		44		54	
5		15		25		35		45		55	
6		16		26		36		46		56	
7		17		27		37		47		57	
8		18		28		38		48		58	
9		19		29		39		49		59	
10	◀	20	◀◀	30	◀◀◀	40		50			

0의 발명

'0'은 없음을 의미하는 수로, 철학의 나라 인도에서 만들어졌습니다. 우리 눈에 보이는 수뿐만 아니라 보이지 않는 수도 의미가 있다는 것을 알려 주고 있습니다. 0이 없는 중국의 한자, 이집트와 로마의 숫자는 크기가 커지면 계속 새로운 숫자를 만들어야 합니다. 한자는 십, 백, 천, 만, 억, 조, 경, 해… 이렇게 숫자를 사용합니다. 그렇지만 0을 사용하면서 더 이상 숫자를 만들 필요가 없어집니다.

333이라고 할 때 이것은 3×100+3×10+3×1을 의미합니다. 맨 왼쪽의 3은 100짜리 수 묶음이 3개 있다는 뜻이고, 가운데 3은 10짜리 수 묶음이 3개 있다는 뜻이고, 오른쪽 3은 낱개, 즉 1이 3개 있다는 뜻입니다. 같은 숫자 3이지만 300을 의미하기도 하고 30을 의미하기도 하고 3을 의미하기도 합니다.

3003은 3×1000+0×100+0×10+3×1을 의미합니다. 1000짜리 수 묶음이 3개 있고, 100짜리 수 묶음은 없고, 10짜리 수 묶음도 없고, 낱개가 3개 있다는 뜻입니다. 십진법에 0이 사용되면서 10개의 숫자로 어떤 큰 수도 쉽게 나타낼 수 있게 되었습니다. 0의 발명은 수학 역사에서 가장 획기적인 사건으로 평가받고 있습니다.

0을 사용하면 수의 표현을 쉽게 할 수 있을 뿐만 아니라 수의 사칙 연산도 쉽게 할 수 있습니다. 그렇지만 0을 사용하지 않는 로마 숫자는 계산이 어렵고, 특히 큰 수의 곱셈과 나눗셈은 로마 숫자로 직접 계산하기가 무척 어렵습니다.

기하에서 사람들에게 가장 많이 활용되는 것이 직각 삼각형의 정리^{피타고라스의 정리}라고 한다면, 연산에서 가장 중요한 발명은 0입니다.

인도에서 만들어진 숫자는 이슬람으로 전파되고, 이후 유럽으로 전파됩니다. 우리가 알고 있는 아라비아 숫자는 사실 인도-아라비아 숫자 또는 인도 숫자라고 부르는 것이 맞습니다. 유럽인들은 이 숫자를 만든 것은 인도이지만, 아라비아인들에게서 전

아리비아 숫자의 변천

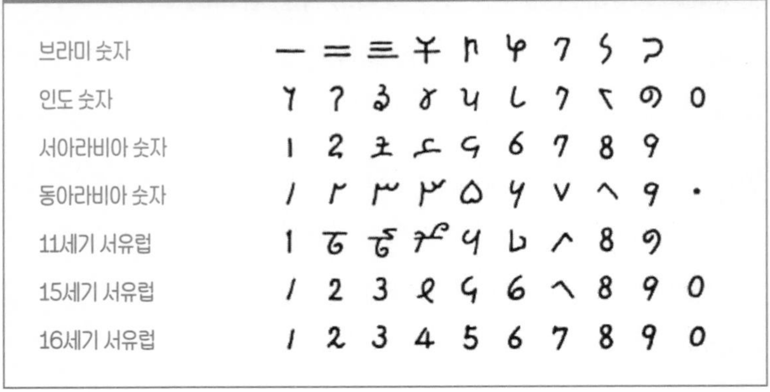

브라미 숫자	ー	=	≡	⨏	Γ	닝	7	ち	⊃	
인도 숫자	𝟏	𝟕	𝟑	𝟑	𝟖	𝟒	𝟔	𝟕	𝟗	𝟎
서아라비아 숫자	١	2	⟂	�	𝟓	6	7	8	9	
동아라비아 숫자	/	ⲅ	ⲅ	ⲅ	ⵁ	ⴸ	ⵏ	ⵄ	9	·
11세기 서유럽	1	ⴳ	ⴳ	ⵝ	ⵃ	닝	닝	ⵄ	8	9
15세기 서유럽	/	2	3	𝓵	닝	6	ⵄ	8	9	0
16세기 서유럽	1	𝟤	3	4	5	6	7	8	9	0

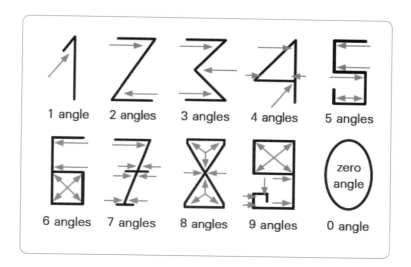

1 angle   2 angles   3 angles   4 angles   5 angles

6 angles   7 angles   8 angles   9 angles   0 angle

해졌기 때문에 아라비아 숫자라고 불렀습니다.

아라비아 숫자의 형성 과정과 유래에는 여러 가지 가설이 있지만, 숫자마다 포함하는 각도의 개수로 설명하는 가설이 많은 호응을 얻고 있습니다.

이진법

2개의 숫자 1과 0으로 만들어지는 진법을 이진법이라고 합니다. 가장 간단한 형태의 진법이어서 컴퓨터에 주로 활용됩니다. 1과 0 또는 온오프^{on-off}로만 나타내기 때문에 수를 표현하는 데 자릿수가 많이 필요하지만, 병렬로 연결되고 빠르게 처리할 수 있어서 어려움은 없습니다.

$$1 = 1_{(2)} \quad 2 = 10_{(2)} \quad 3 = 11_{(2)} \quad 4 = 100_{(2)} \quad 5 = 101_{(2)}$$

$$6 = 110_{(2)} \quad 7 = 111_{(2)} \quad 8 = 1000_{(2)} \quad 9 = 1001_{(2)}$$

$$10 = 1010_{(2)}$$

컴퓨터에서 이진법을 사용하는 것은 논리 조합이 쉽기 때문입니다. 컴퓨터는 이진법을 기본 진법으로 사용하지만, 십육(16)진법을 사용하기도 합니다. 1바이트는 8비트이기 때문에 1바이트를 두 자리 16진수로 표현할 수 있습니다. 십육진법을 사용할 때는 1~9까지 숫자와 문자 A, B, C, D, E, F를 사용합니다.

$$F32_{(16)} = 15 \times 16 \times 16 + 3 \times 16 + 2 \times 1 = 3890$$

십육진법 F32는 십진법으로 바꾸면 3890이 됩니다.

✧✧ 아레시보 메시지 ✧✧

1974년 아레시보 전파 망원경에서 주파수 변조 방식으로 외계 생명체에 지구 문명의 존재를 알리는 방송을 약 3분간 우주 공간에 송출한 메시지입니다. 당대 석학들에게 자문을 받아 지구를 알리는 7개의 내용을 담고 있습니다. 메시지는 이진법으로 암호화되어 있습니다.

① 1부터 10까지의 숫자
② DNA 구성 원자의 원자 번호
③ DNA 뉴클레오타이드 염기식
④ DNA 이중 나선 구조와 모양
⑤ 인간의 형체, 남성의 평균 키, 지구의 인간 개체 수
⑥ 태양계 모습
⑦ 메시지를 발송한 아레시보 천문대 모습과 크기직경

```
0000001010101000000000000101000001010000000010
0100010001000100101100101010101010101001001000
0000000000000000000000000000000000110000000
0000000000001101000000000000000000001101000000
0000000000001010100000000000000000001111100000
0000000000000000000000000001100001110001100000
1100010000000000001100100001101000110001100001
1010111101111101111101111000000000000000000000
0001000000000000000000100000000000000000000000
0000000010000000000000000011111000000000000000
1111100000000000000000000000110000110000111000
1100010000000100000000001000011010000110001110 01
1010111101111101111101111000000000000000000000
0001000000110000000000100000000000110000000000
0000001000001100000000000111111000001100000001111
1000000000001100000000000001000000001000000000
1000001000001100000000100000001100001100000 01
1000000000001100010000110000000000000011001100
0000000000001100010000110000000001100001100000
0100000001000000100000001000010000000110000
0000100010000000011000000001000100000000001000
0000100001000000010000000100000010000000000
0001100000000011000000001100000000010001110101
1000000000001000000010000000000000001000001111
1000000000000100001011101001011011000000100111 0
0100111111011100011100000110111000000001010000
0111011001000001010000011111100100000010100001
1000001000011011000000000000000000000000000
0000000011100001000000000000001110101000010101
0101010011100000000010101010000000000000000101
0000000000000111110000000000000000111111111000
0000000011100000001110000000001100000000000011
000000011010000000001011000001100110000001100
11000100010100001010001000010001001000100100
0100000001000101000100000000000100001000010
00000000000010000000001000000000000010010100
00000000011110011111010011111000
```

전쟁과 수학

직접 가지 않아도 알 수 있는
삼각 측량

수학은 그 시대의 중요한 과제를 해결하는 역할을 해 왔습니다. 문명이 발전하고 부를 축적하기 시작하면서 부를 지키려는 세력과 부를 빼앗으려는 세력이 충돌합니다. 이것을 전쟁이라고 합니다. 전쟁에서 지면 모든 것을 빼앗기기 때문에 자원, 지식, 인력을 총동원해서 전쟁을 준비합니다. 과학 기술이 전쟁을 통해 비약적으로 발전하는 것처럼 수학도 전쟁으로 급속도로 발전합니다. 칼, 대포, 암호, 미사일, 컴퓨터는 전쟁으로 수학이 발전한 대표적 사례입니다. '전쟁과 수학'에서는 냉병기의 대표인 활, 창, 칼과 화약을 사용하는 열병기의 대표인 대포에 대해 알아보겠습니다.

활, 창, 칼

철로 무기를 만들면서 전쟁에서 칼과 창을 사용하게 되지만 대량으로 만들 수 있는 무기는 창이었습니다. 창은 찌르는 앞쪽만 철을 사용하기 때문에 칼보다는 적은 양의 철을 사용합니다. 칼은 고가이기도 하지만 잘 다루려면 어려서부터 오랜 수련 기간을 거쳐야 합니다. 왕족이나 귀족은 튼튼한 갑옷을 입고 말을 타고 칼로 싸우지만, 일반 병사는 값싸고 쉽게 익힐 수 있는 창을 무기로 사용합니다. 그래서 창이 먼저 대량으로 생산, 보급됩니다. 제련 기술이 발전하고 철이 대량으로 유통되면서 일반 병사들에게도 칼이 지급되기 시작한 것은 훨씬 뒤의 일입니다.

> **제련**
> 광석을 용광로에 넣고 녹여서 함유한 금속을 분리하는 일.

원거리 공격 무기인 활이 만들어지면서 전쟁의 양상이 많이 바뀝니다. 활이 본격적으로 사용되기 전까지는 창과 칼을 사용하는 일대일 전투가 중심이었습니다. 따라서 창과 칼에 의한 사상자가 대부분이었습니다. 하지만 활이 중요한 공격 무기로 사용되면서 활에 의한 사상자가 크게 늘어납니다. 전쟁에서 군대가 일대일로 만나서 싸우기에 앞서 비 오듯 쏟아지는 화살 때문에 많은 사상자가 발생합니다. 보병은 큰 방패를 사용해서 화살 공격을 피할 수 있지만, 기마병은 화살 공격에 취약합니다. 특히 말이 화살에 맞으면 그대로 고꾸라지기 때문에 기마병도 같이 다칠 수밖에 없습니다. 이 부분을 연구한 학자에 따르면, 전투에서 발생하는 사상자의 약 70퍼센트가 화살 공격으로 부상을 입은 사상자라고 합니다.

대포와 총이 사용되기 전인 고대부터 중세까지의 전쟁은 두 가지 형태였습니다. 첫째, 유목 민족의 전투에서 나타나는 대회전입니다. 대회전은 두 군대가 넓은 지역에서 만나 전투를 하는 것입니다. 이때는 기동력과 돌파력을 갖춘 기마병의 활약이 전투의 승패를 좌우했습니다. 둘째, 유목 민족과 농경 민족의 전투에서 나타나는 공성전입니다. 보통 유목민이 침략하는 경우가 많은데, 이들이 성을 공격하면 농경민은 튼튼한 성을 거점으로 방어전을 펼칩니다.

대회전과 공성전 모두 상대방에게 접근하기 전까지 비처럼 쏟아지는 화살 공세를 뚫고 지나가야 해서 많은 희생자가 발생합니다. 화살의 집중 공세를 뚫고 나면 기마병이 보병을 짓밟아 무너뜨리는 것으로 전쟁의 승패가 갈렸습니다.

기마병은 말 위에서 전투를 하기 때문에 활도 활병들이 쓰는 활보다 작은 활을 사용했고, 칼도 보병들이 사용하는 것보다 작은 곡도를 사용했습니다. 몽골의 유럽 원정에서 몽골 기마병이

몽골 경기병 파르티안 샷   중무장한 유럽 기병

러시아, 폴란드, 헝가리 기사단을 섬멸한 것은 대회전의 전형을
보여 주고 있습니다.

칼은 쓰임새에 따라 두 가지로 나뉩니다. 검은 날카롭고 날렵
한 양날을 가진 찌르기용 칼이고, 도는 무겁고 둔탁해서 한쪽에
만 날이 선 베기용 칼입니다. 그렇지만 이 구분이 절대적인 것은
아닙니다. 검이라고 불리지만 한쪽에만 날이 있는 칼도 있으니
까요. 현재는 긴 날이 있는 칼을 넓게 봐서 '검'이라 하고 그중에
서도 한쪽에만 날이 있는 것을 좁은 의미로 '도'라고 부릅니다.

유럽에서는 직선 형태의 바스타드 소드를 사용했고, 이슬람의
신월도나 일본의 일본도는 곡선 형태입니다. 중국은 처음에는
직검을 사용했으나 이후에는 크고 넓은 날의 곡도를 사용했습
니다.

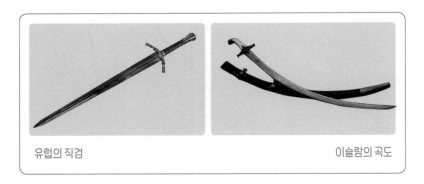

유럽의 직검   이슬람의 곡도

    영화에서는 중세 유럽의 기사들이 말을 타고 장창을 사용해서 일대일로 싸움을 하지만 실제 전쟁에서는 그런 일은 일어나기 어렵습니다. 먼 거리에서는 화살로 공격을 하고 거리가 약간 있을 때는 장창을 사용하지만 가까운 거리에서 접전이 벌어지면 서로 칼이나 도끼를 휘두르게 됩니다.

    일대일 근접 전투에서는 칼로 찌르기보다는 휘둘러 베기를 많이 합니다. 베기에는 회전력과 무게 중심 때문에 직도보다는 곡도가 효과적입니다. 그리고 베기는 연속 동작을 부드럽게 이어 갈 수 있지만 찌르기는 공격 후에 연속 동작이 어렵습니다. 그렇지만 곡도를 만드는 것은 직도를 만드는 것보다 고급 기술이 필요합니다. 따라서 곡도를 사용한 이슬람과 중국이 직검을 사용한 유럽보다 칼 만드는 기술이 앞섰다고 볼 수 있습니다.

    칼은 너무 강하면 부러지고 연하면 휘어지거나 벨 수 없어서

강함과 부드러움이 조화를 이루어야
합니다. 명검으로 유명한
것은 다마스쿠스 검입
니다. 십자군 전쟁에

다마스쿠스 검

서 다마스쿠스 검과 부딪친 유럽 기사의 검은 여지없이 부러지
고 갑옷은 찢겨 나가 많은 사상자가 나왔다고 합니다. 다마스쿠
스 지방의 강철과 연철을 사용했고, 강철의 강함과 연철의 부드
러움을 모두 가진 검을 만들기 위해 두 철을 덧대어 늘이고 접는
과정을 반복해서 만들었다고 합니다. 하지만 당시에는 다마스쿠
스 검 제조 방법이 국가적 기밀이었기 때문에 오랫동안 밝혀지
지 않았습니다. 전쟁의 승패를 좌우하는 중요한 기술이었기 때
문입니다.

  창, 칼, 활 등의 냉병기는 총, 대포 등의 열병기가 나타나면서
전쟁의 주인공 자리를 내주게 됩니다.

성벽과 축성술

    많은 부를 소유하게 되면 크고 튼튼한 성을 쌓
아 재화를 지키려고 합니다. 다른 쪽에서는 성을 공격해서 재화를 약탈하려고 하고요. 중국에서는 농업 문명인 한족이 크고 튼튼한 성을 쌓았지만 유목 민족인 몽골족, 만주족이 성을 공격해서 공성전이 벌어집니다. 성을 튼튼하게 만들면 유사시 적의 공격에도 적은 인원으로 방어할 수 있습니다. 그래서 평소에 많은 시간과 인력을 동원해 튼튼한 성벽을 만들었고, 축성술도 발달하게 됩니다. 축성술은 전투 방식에 따라 다르게 발전했습니다.

축성술

성을 쌓는 기술.

중앙 집권화가 이루어지기 전인 봉건 시대 유럽은 국왕이 영주에게 땅을 나누어 주었고, 영주는 그 땅을 독자적으로 다스렸습니다. 땅이 넓지 않았기 때문에 영주의 성은 중국이나 이슬람보다 작았습니다. 유럽의 성은 외부 공격에 대비해 높은 언덕 위 또는 강으로 둘러싸인 곳에 만들었고, 주로 돌을 사용했습니다.

그 당시 성을 공격하는 중요한 무기는 불화살과 성문을 부수는 충차였습니다. 그래서 유럽의 성은 불에 타지 않는 돌로 성벽을 쌓고 지붕을 씌워 화살 공격에 대비했습니다. 그리고 높은 곳에 작은 크기로 망루를 만들어서 적의 움직임을 관찰하거나 활로 공격을 할 수 있도록 했습니다.

유럽의 성은 성벽과 건물이 하나를 이루는 성곽 형태라서 외부의 공격에도 안전합니다. 높은 탑과 작은 망루에서 밑에서 올

라오는 적을 화살로 공격하면서 정문만 잘
지키면 전투에서 승리할 수 있었습니다. 특
히 정문을 방어하기 위해 해자를 만들거나

유럽의 성(위), 해자가 있는 중국의 성(아래)

깊은 도랑을 파고 다리를 설치하면 적이 공격해 오더라도 다리를 들어 올려 접근을 차단할 수 있었습니다.

중국과 이슬람은 많은 인구가 모여 사는 도시를 보호하기 위해 성 주변에 석재와 벽돌로 높고 튼튼한 성벽을 만들었습니다. 나무는 불화살이나 투석기 공격에 취약하기 때문에 석재와 벽돌로 성벽을 사용했습니다.

중국과 콘스탄티노플에서는 성문을 공격하는 충차와 성벽을 오르는 사다리를 막아 내기 위해 넓고 깊은 해자를 만들었습니다. 무거운 충차나 사다리를 들고 물을 건너기는 불가능하기 때문에 해자는 공성전을 효과적으로 방어하는 수단이 됩니다. 또한 충차나 공성 무기의 공격에서 성문을 보호하기 위해 옹성을 만들었고, 튼튼한 성문을 만들기 위해 상층부에 아치형 석재를 사용했습니다.

튼튼한 성을 만들려면 기술력이 뒷받침되어야 합니다. 높고 견고한 성을 쌓기 위해서는 무거운 돌을 움직이거나 높이 들어 올리는 기술이 필요합니다. 도르래의 원리를 이용한 기중기의 사용으로 축성술은 비약적인 발전을 이룹니다. 중세 이후 실용 과학이 발달했던 이슬람에서는 축성술의 발달과 함께 공성 무기도 발달합니다. 그리고 이 기술은 중국, 유럽으로 퍼져 나갑니다.

콘스탄티노플 3중 성벽

동로마 제국의 수도인 콘스탄티노플의 성은 중세에 만들어진 성 중 가장 크고 튼튼한 것으로 유명합니다. 항구 도시인 콘스탄티노플은 서쪽만 육지와 연결되어 있고 북쪽, 동쪽, 남쪽은 바다로 둘러싸여 있습니다. 그래서 서쪽에 성벽을 3중으로 쌓고, 바닷물을 끌어들여 해자를 설치해서 난공불락의 요새를 구축했습니다. 성벽이 만들어지고 약 1000년 동안 크고 작은 공격을 받았지만, 넓고 깊은 해자와 3중 성벽 덕분에 항상 적들을 물리칠 수 있었습니다.

대포의 등장

중국의 4대 발명품 중 하나인 화약은 초석·유황·숯가루를 혼합해서 만든 흑색 가루로, 불을 붙이면 강력하게 폭발합니다. 10세기경 중국에서 처음 만든 화약은 폭죽놀이에 사용되었지만, 이후 이슬람과 유럽으로 전파되면서 군사용으로 활용되었습니다.

> **중국의 4대 발명품**
> 종이, 화약, 나침반, 인쇄술.

초기에는 화약을 화살에 붙여 사용했는데, 파괴력이 높은 수준은 아니었습니다. 화약이 본격적으로 활용되기 시작한 것은 금속으로 만든 포신과 포탄, 탄환이 개발되어 총과 대포로 발전하면서부터였습니다.

총과 대포는 화약의 힘으로 탄환이나 포탄을 멀리 보내서 적을 공격하는 무기입니다. 특히 대포는 목표물을 맞히면 폭발을 일으켜 주변을 파괴하기 때문에 성벽을 부수거나 밀집해 있는 적을 공격하는 데 효과적이었지요. 대포가 등장하기 전까지는 크고 튼튼한 성벽을 만들어 방어하면 별다른 공격 방법이 없었지만, 대포

대포와 포탄

는 아무리 크고 강한 성벽도 부술 수 있어서 '난공불락의 요새'가 더 이상 의미 없는 말이 되었습니다.

1453년 오스만 제국의 군대가 1000년 동안 유지되었던 동로마 제국의 수도 콘스탄티노플을 함락시킨 것도 '우르반 대포'라는 대형 대포로 성벽을 무너뜨린 것이 중요한 계기가 되었습니다. 대포를 사용하기 전까지는 크고 높은 성벽과 해자, 충분한 식량과 식수, 그리고 군대가 있으면 성을 지킬 수 있었습니다. 불화살은 성벽에 막히고, 충차는 해자를 건널 수 없고, 투석기로는 성벽에 타격은 줘도 일격에 무너뜨리지는 못했습니다. 중세 1000년을 지탱했던 전쟁의 패러다임을 바꾼 것이 바로 대포의 등장입니다.

1571년 레판토 해전에서 유럽의 연합 함대가 함선에 대포를 장착해 튀르크 함대를 공격해 격파하면서 해전의 양상도 대포를 이용한 포격전으로 바뀌기 시작했습니다. 이후 세계사의 중요한 전쟁의 승패는 대포를 어떻게 운용하느냐에 따라 달라졌습니다.

초기에 만들어진 대포는 청동 주조 기술이 발달하지 못해서 크고 무거웠습니다. 너무 무거웠기 때문에 이동이 쉽지 않아서 성 주변에 고정해 놓고 성을 공격하는 무기로 사용하거나 전선에 설치해서 해전에 사용했습니다.

19세기 초, 주조 기술이 발달하면서 우마차를 이용해 대포를 이동할 수 있게 되었고, 야전에서도 대포를 사용하게 됩니다. 아군 진지 후방 높은 곳에 설치해서 적군을 공격하는 대포는 전쟁에서 가장 중요한 역할을 하게 됩니다. 19세기 초에 유럽을 석권한 프랑스 군대는 포병 전력이 우수했으며, 나폴레옹은 유능한 포병 사령관 출신이었습니다.

이후 20세기 들어서면서 움직이는 대포라고 할 수 있는 탱크, 장거리 대포라고 할 수 있는 로켓과 미사일이 등장합니다. 대포와 탱크, 미사일은 지금도 전쟁의 승패를 좌우하는 핵심 무기로 사용되고 있습니다.

총은 사람이나 말을 공격하는 무기로, 첫 번째 목표는 기마병이었고, 두 번째 목표는 보병이었습니다. 화약 무기가 보급되기 전, 중세에 말을 타고 갑옷으로 중무장한 기마병은 보병이 상대할 수 없는 압도적인 전투력을 지니고 있었습니다. 기마병이 되려면 10여 년간 검술, 궁술, 마술을 연마해야 해서 경제력을 갖춘 기사들만이 가능했습니다.

그러나 총이 보급된 이후에는 고작 한 달 정도 교육을 받고 전쟁에 나선 농민들의 총에 기사들이 맥없이 쓰러졌습니다. 영주 입장에서는 큰 비용을 들여 기사들을 육성할 필요가 없어진 거예요. 대포가 중세를 몰락시켰다면, 총은 기사를 몰락시켰다고 할 수 있습니다.

15세기 오스만 제국의 메흐메드 2세가 콘스탄티노플 성을 공격할 때 사용했던 청동 대포로, 제작자 우르반의 이름을 따서 우르반 대포라고 부릅니다.

우르반 대포는 길이가 8미터, 무게는 19톤인 초대형 대포인데, 이 대포를 운반하려면 사륜차 30대, 소 60마리, 사람 20명이 필요했습니다. 이와 별도로 대포를 운반할 도로를 다지고 다리를 놓는 데 200여 명의 군사가 동원되었고요.

우르반 대포가 하루에 움직일 수 있는 거리는 4킬로미터, 장전 시간은 3시간, 하루에 쏠 수 있는 포탄은 7발이었다고 합니다. 정확도는 떨어지지만, 파괴력은 엄청나게 강해서 콘스탄티노플 공성전에서 성벽을 부수는 데 결정적 역할을 합니다.

이후 견고한 성벽을 쌓아 공성전을 하겠다는 방어 개념은 사라지고 성을 지키는 것이 아니라 야전에서 유리한 위치를 선점하고 대포로 적군을 공격하는 형태로 전쟁의 양상이 바뀝니다.

우르반 대포

포물선과 삼각 측량

전쟁에서 대포를 제대로 사용하기 위해서는 두 가지가 중요합니다. 하나는 튼튼하고 가벼운 대포와 폭발력이 강력한 포탄을 잘 만드는 하드웨어이고, 다른 하나는 대포의 탄환을 원하는 위치에 명중시키는 소프트웨어입니다. 이 두 가지 요소를 잘 결합해야 훌륭한 포병 전력을 유지할 수 있습니다.

17세기까지는 제철 기술이 발달하지 않아 청동으로 만든 대포가 철로 만든 대포보다 성능이 우수했습니다. 그렇지만 청동 대포는 고가의 장비여서 대량으로 만들기가 어려웠습니다. 영국과 같은 선진국에서도 중요한 함선에만 청동 대포를 장착하고 육상 부대는 대부분 철 대포를 사용했습니다.

17세기 이후 제철 기술이 발달하면서 철 대포가 경량화되어 이동이 가능해지고, 화약 성능이 좋아져서 대포의 사거리가 늘어납니다. 따라서 대포의 운영 기술이 전투의 승패를 결정하게 됩니다.

대포의 사거리가 짧았을 때는 목표물을 직접 겨누는 직사포로 포격해야 했습니다. 그러나 대포의 사거리가 길어지자, 곡선으로 날아가 목표물을 맞히는 곡사포로 포격을 해서 언덕 너머 또

사거리
란알, 포탄, 미사일 등이 발사되어 도달할 수 있는 곳까지의 거리.

는 장애물 뒤에 있는 목표물까지 맞힐 수 있게 되었어요. 대포의 탄환을 목표물에 정확히 맞추기 위해서는 거리와 방향을 측정하는 것이 중요합니다. 관측자는 목표물의 방향과 대포에서 목표물까지의 거리를 측정합니다. 곡사포 사수는 관측자가 알려 주는 방향과 거리에 맞춰 포격을 하고요. 그렇지만 전쟁터에서 적군의 진지까지 거리를 재기 위해 직접 갈 수는 없습니다. 직접 가지 않고 거리를 재는 방법은 삼각비를 활용하는 것입니다. 고대 문명에서 천문 관측에 사용되었던 삼각비가 대포의 거리 측정에도 사용됩니다.

$\tan A$는 $\dfrac{높이}{밑변}$ 입니다. 각 A와 밑변의 길이 AB를 알면 높이 BC를 구할 수 있습니다. 각 A의 변화에 따른 $\tan$의 값은 모두 계산되어 있으므로 대포와 관측자 사이의 거리를 알면 비례식을 사용해 대포와 목표물까지의 거리를 알 수 있습니다.

대포의 포탄은 직선으로 날아가는 것도 있고 포물선으로 날아가는 것도 있습니다. 탱크와 같은 평사포는 포탄이 거의 직선으로 날아갑니다. 목표물에 포신을 맞추고 발사하면 사정거리 내에서는 직선 운동을 합니다. 한편 곡사포로 사격을 할 때는 포탄이 포물선 운동을 합니다. 평사포로 사격할 때는 보이는 목표물을 조준해서 쏘면 되지만 곡사포로 사격할 때는 목표물을 조준하는 것이 아니라 목표물 위를 조준해야 합니다. 그런데 조준값은 중간에 언덕과 같은 장애물의 여부와 거리에 따른 화약의 양에 따라 달라집니다. 곡사포로 사격할 때 포탄이 날아가는 모양은 포물선입니다.

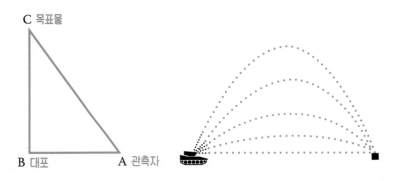

대포는 포물선 운동을 제대로 알아야 운용할 수 있습니다. 곡사포로 사격할 때 포탄을 어떤 각도로 발사하면 어떤 고도로 날아가서 어디에 떨어질지 알아야겠지요? 목표물까지의 거리를 측정하기 위해서는 삼각 함수를, 포 사격 각도를 알기 위해서는 포물선 운동이차 함수을 이해해야만 합니다.

에콜 폴리테크니크

프랑스 혁명 정부는 과학 기술의 발전과 군사력 강화를 목적으로 1794년 에콜 폴리테크니크를 창설했습니다. 에콜 폴리테크니크의 설립 목적은 뛰어난 기술을 갖춘 포병 장교를 양성하는 것이었습니다. 에콜 폴리테크니크 교수들은 해석학·역학·동력학·사영 기하학·일반 역학을 강의했고, 에콜 폴리테크니크 졸업생들은 탄도학과 포술에 능통한 포병 장교로 성장할 수 있었습니다.

19세기 초에는 유럽 열강 중에서 오스트리아와 프랑스의 포병 전력이 강했습니다. 오스트리아에서는 귀족 자제들이 포병을 지휘했습니다. 오랜 기간 습득한 탄도학과 포술 지식으로 포 사격을 했습니다. 반면 프랑스에서는 수학 실력만 뛰어나면 평민도 에콜 폴리테크니크에 입교할 수 있었고, 수학 지식을 통해 탄도학을 익혔습니다.

전쟁이 계속되면 포병 장교 중에서도 사상자가 발생합니다. 오스트리아는 귀족 자제만 포술을 익힐 수 있었기 때문에 장교 인력 충원이 쉽지 않아서 포병 전력이 약해졌습니다. 하지만 에콜 폴리테크니크를 통해 계속 포병 장교를 양성해 온 프랑스는 강력한 포병 전력으로 한때 유럽을 석권하기도 했습니다.

가장 유명한 포병 장교로는 포병 사령관 출신으로 황제가 된 나폴레옹을 꼽을 수 있습니다. 나폴레옹은 인문학은 잘하지 못했지만, 수학 실력이 뛰어났다고 합니다. 수학과 포병, 탄도학은 서로 연관성이 많습니다.

현재는 유명한 프랑스 이공과 대학으로, 많은 수학자와 과학자를 배출하고 있습니다.

데카르트와 좌표

기하와 대수를 하나로 묶은
해석 기하학

찬란했던 그리스·로마 문명의 유럽은 중세 1000년간 종교가 지
배했습니다. '논리적인 사고'보다는 '신의 뜻'이 우선인 분위기 속
에서 데카르트는 모든 것을 '의심하는 것'에서 철학을 출발시켰
습니다. 사고의 주체가 신에서 인간, 그리고 나로 전환되는 것입
니다. 유클리드 원론의 공리처럼 신뢰할 만한 기초가 필요했기에
좌표가 만들어집니다. 좌표의 등장으로 독립적으로 발전했던 대
수와 기하가 함께 연구되기 시작했고, 이는 함수와 해석학으로
발전하게 됩니다.

르네상스와 대항해 시대

르네상스는 14세기에서 16세기까지 서유럽에서 나타난 문화 운동으로, '학문과 예술의 부활'이라는 뜻을 지니고 있습니다. 신 중심의 사상과 봉건 제도로 개인의 창조성을 억압하는 중세에서 벗어나 문화의 절정기였던 고대 그리스·로마 시대로 돌아가자는 의미에서 르네상스라는 이름으로 불렸습니다. 르네상스 시대에는 문화와 예술뿐만이 아니라 정치, 학문, 과학 등 사회 전 분야에 걸쳐서 새로운 시도와 다양한 실험이 이루어졌습니다.

중세 유럽은 기독교적 가치관이 모든 분야를 지배한 시기였습니다. 중세의 철학은 "신의 존재를 의심하지 않고 신의 섭리를 어떻게 인간에게 잘 설명할 수 있을까?"에 초점을 맞추고 있습니다. 그리스 철학자 아리스토텔레스의 자연 철학이 인용되었지만 신 중심 가치관에 논리적 정당성을 확보하기 위한 것이었습니다.

중세의 세계관에서 세상의 중심은 예루살렘이었습니다. 그리고 아시아, 아프리카, 유럽이 둥근 모양으로 대지를 이루고, 바깥으로는 바다가 둘러싸고 있다고 생각했습니다. 하늘에서는 해와 달, 행성들이 지구를 중심으로 움직인다고 생각했습니다. 인간은 신에게 선택된 존재이므로 당연하게도 선택된 인간이 살고 있는 지구는 우주의 중심이어야 했습니다. 지구를 중심으로 태양과 천체가 돌고 있다는 천동설은 많은 약점이 있었음에도 1000년 동안 기독교적 세계관의 중심이 되었습니다.

중세에 절대적인 영향력을 가졌던 기독교는 십자군 원정을 계기로 변하게 됩니다. 십자군 원정 후반기에 초기의 종교적 신념이 변질되었기 때문입니다. 또한 이슬람과는 전쟁으로, 다른 아시아 국가들과는 교역을 통해 직접 만나게 되면서, 유럽인들은 자신들이 절대적 가치를 부여한 기독교 문명이 여러 문명 중의 하나일 뿐이고 이슬람과 다른 아시아 문명도 높은 수준의 문명임을 깨닫습니다. 특히 이슬람을 통해 그리스 시대의 학문과 책을 접하면서 유럽인들은 잊혔던 그리스 문명을 다시 마주하게 됩니다. 인간 중심적 사고의 휴머니즘과 이성의 힘이 인간을 풍요롭게 한다는 이성주의가 다시 유럽에 찾아들었고, 이는 르네상스로 이어집니다.

기독교적 권위에 결정적 타격을 준 것은 종교 전쟁입니다. 타락한 기독교가 면죄부를 발행하자 이에 저항하는 사람들이 로마 가톨릭교황에 대항하는 개신교프로테스탄트를 만들었습니다. 그리고 기독교는 로마 가톨릭과 프로테스탄트로 나뉘어 서로 살생을 했습니다. 이는 기독교가 사람들의 정신과 생활을 인도하는 '유일의 권위'를 상실하는 것이고, 기독교적 가치관이 지탱하는 중세 1000년이 끝나 가고 있음을 의미합니다. 천동설과 같이 '신의 뜻으로'라는 명목하에 합리화되었던 모든 것은 다시 평가받게 됩니다.

근대 철학은 "지식의 옳음을 어떻게 증명할 수 있는가?"라는 지식의 확실성에서 출발합니다. 데카르트는 지식의 옳음을 증명하기 위해 "의심할 수 있는 모든 것을 의심해서 절대로 확실한 지식의 기초를 발견하고, 그것을 쌓아 올려 지식의 옳음을 증명"하려고 합니다. 그리스 철학은 인간을 포함한 자연에서 출발하고, 중세 철학은 신을 전제로 전개되었습니다. 근대 철학의 아버지라고 불리는 데카르트는 《기하학 원론》의 전개 방식처럼 누구도 의심하지 않는 자명한 원리를 출발점으로 해서 논증으로 설명하는 철학 체계를 만듭니다. 그래서 신이 아니라 논증하는 의식의 주체가 모든 것의 기초가 됩니다. 여기서 "나는 생각^{회의}한다. 그러므로 나는 존재한다."라는 명제가 등장하게 됩니다.

중세 유럽은 자급자족의 농촌 경제이고 부의 원천은 토지였지만 십자군 전쟁 이후 이탈리아의 도시들은 상업으로 부를 쌓습니다. 동방 무역을 선점한 이탈리아 도시와 달리 후발 국가인 스페인과 포르투갈은 인도와 중국으로 가는 새로운 항로를 찾기위해 원양 항해를 시작하고 많은 식민지를 건설합니다. 유럽은 바야흐로 '대항해 시대'를 맞이합니다. 원양 항해를 위한 조선 기술과 항해 기술이 중요해지고, 해적과 싸우기 위해 함포 기술이 발달하게 됩니다.

대항해 시대의 개막은 상업의 형태를 변화시키고 도시와 국가의 번영을 바꾸게 됩니다. 한때 번성했던 독일과 이탈리아가 쇠퇴하고 스페인과 포르투갈이 새롭게 등장해 신항로를 개척하고 신대륙을 발견합니다.

대항해 시대의 범선

미지수 x의 사용

데카르트는 근대 철학의 개척자로 알려져 있지만, 수학과 물리학에서도 뛰어난 업적을 남깁니다. 미지수 x를 사용하고, 거듭 곱하는 것을 지수로 표현해 문자의 오른쪽 위에 작은 숫자로 나타냈습니다. 데카르트 이전에 이집트에서는 방정식에서 구하려는 값을 '아하'라고 하고 인도나 이슬람에서도 이 미지수를 긴 문장으로 표현했습니다. 데카르트가 미지수 x를 사용하고 거듭제곱을 지수로 표현하면서 구체적인 해법이 아니라 일반적인 해법을 사용할 수 있게 됩니다. 이로써 "어떤 수를 두 번 곱한 수에 1을 더한 수는 그 수에 2를 곱한 수와 같다."와 같은 문제를 '$x^2+1=2x$'로 쉽고 간단하게 나타낼 수 있게 되었습니다.

데카르트는 '대수 방정식'을 사용해서 원뿔 곡선을 한 종류의 2차 방정식으로 나타내는 데 성공합니다. 원뿔 곡선은 원뿔의 단면에서 관찰할 수 있는 곡선으로, 원과 타원, 포물선, 쌍곡선 등을 얻을 수 있습니다.

원뿔 곡선: (A ≠ 0 또는 B ≠ 0 또는 C ≠ 0)

$$Ax^2 + Bxy + Cy^2 + Dx + Ey + F = 0$$

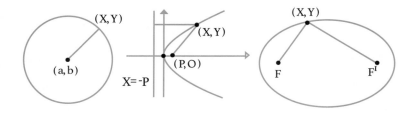

• 원: 한 점에서 같은 거리에 있는 점들의 모임

• 포물선: 한 점과 한 직선에서 같은 거리에 있는 점들의 모임

• 타원: 두 점에서 같은 거리에 있는 점들의 모임

원은 중심에서 같은 거리에 있으므로 관제탑의 레이더나 잠수함의 레이더에 사용됩니다. 연못에 돌을 던지면 만들어지는 물결은 동심원입니다.

포물선은 빛과 전파를 한 위치에 모을 수 있습니다. 포물면으로 만들어진 자동차 전조등은 초점에서 발사되는 빛을 한 방향으로 모아서 멀리 보낼 수 있습니다. 파라볼라 안테나는 전파를 한 초점으로 모아서 효율이 높은 안테나를 만듭니다.

타원은 태양계 행성의 공전 궤도입니다. 각 행성의 궤도는 태양을 한 초점으로 타원으로 돌고 있습니다. 건축에서는 '속삭이는 회랑'을 만들 수 있습니다. 타원 모양의 건축물을 만들면 한 초점에서 발사된 음파는 벽에 반사되어 다른 쪽 초점에 도달하므로 멀리 있어도 옆에서 이야기하는 것처럼 잘 들을 수 있습니다. 런던의 세인트 폴 대성당이나 미국의 그랜드 센트럴역은 이런 원리를 응용해서 만들어졌습니다.

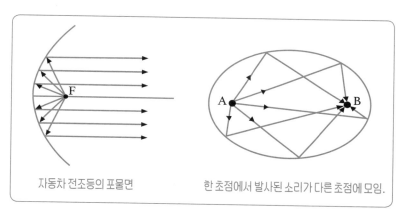

자동차 전조등의 포물면

한 초점에서 발사된 소리가 다른 초점에 모임.

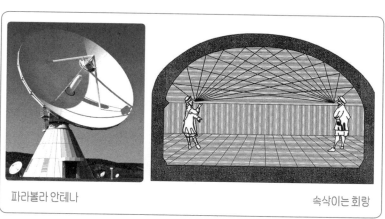

파라볼라 안테나

속삭이는 회랑

좌표와 해석 기하학

데카르트는 수학에서도 기초를 튼튼히 하고 그 것을 확장해 올바른 체계를 만들려고 했습니다. 그 결과가 바로 좌표입니다.

데카르트가 침대에 누워 천장에 날아다니는 파리의 위치를 정확하게 표현하기 위해 좌표를 만들었다는 에피소드가 있지만, 원점을 중심으로 직교하는 x축과 y축으로 평면 위의 점을 표현하는 좌표축은 수학사에 엄청난 변화를 가져오게 됩니다. 2개의 축(x, y)으로 표현되는 평면 위의 위치를 나타내는 좌표 평면과 3개의 축(x, y, z)으로 표현되어 공간의 위치를 나타내는 좌표 공간이 있습니다.

교통수단으로 표현하면 축이 1개인 $f(x)$는 기차의 위치입니다. 서울에서 부산까지 운행하는 기차의 위치는 하나의 축으로 표현할 수 있습니다. $f(166)$은 서울에서 166킬로미터 떨어진 철도 위의 한 지점이고 대전역이 됩니다.

축이 2개인 $f(x, y)$는 배의 위치입니다. 바다는 해발 고도가 모두 0이라고 생각할 수 있으므로 x축과 y축으로 배의 위치를 나타낼 수 있습니다. x축은 경도, y축은 위도를 나타냅니다. $f(35.1038, 129.0788)$은 부산항 앞바다입니다. 지도가 좌표 평면을 나타내고 있습니다.

축이 3개인 f(x, y, z)는 비행기나 잠수함의 위치입니다. 경도와 위도에 고도까지 나타내게 됩니다. f(37.5125, 127.1027, 510)은 서울 롯데월드타워 건물 최상층보다 13미터 위에 있는 헬리콥터의 위치입니다. 비행기나 잠수함은 해발 고도가 0이 아니므로 고도나 해저 심도까지 나타내야 정확한 위치를 표현할 수 있습니다.

좌표에서 0 이하의 수를 표현하기 위해 -1, -2, -3, -4와 같은 음수를 사용하기 시작했습니다. 도형과 수식을 같은 차원에서 볼 수 있게 되고, 대수와 기하가 통합되는 계기가 됩니다. 그리고 함수의 개념이 정립되기 시작하고, 이는 미적분으로 발전합니다. 이로써 앞에서 설명한 것과 같이 직선, 원과 타원, 쌍곡선과 같은 기하학적 도형을 식으로 나타낼 수 있게 됩니다.

유클리드 기하학은 도형의 성질을 배우고 왜 그런 성질이 나왔는지를 밝히는 기하학입니다. 눈금 없는 자와 컴퍼스만을 사용하기 때문에 추상 기하학이라고도 합니다. 그런데 데카르트의 좌표가 도입되면서 지금까지 독립적으로 발전한 기하학과 대수학이 합쳐져 해석 기하학이라는 새로운 분야가 만들어졌습니다.

해석 기하학은 도형에 관한 기하학과 수의 성질과 기호에 관한 대수학을 묶은 수학의 분야입니다. 좌표 평면에는 두 개의 축 (x, y)이 있으므로 함수를 식으로 나타낼 수 있습니다. 함수는 변화하는 두 대상 사이의 관계를 수학적으로 나타낸 것입니다. 그리고 이 함수의 변화를 연구하는 것이 미적분입니다. 해석 기하학은 함수와 미적분의 발달을 이끌어 냅니다.

우리가 초등학교와 중학교에서 배우는 도형은 유클리드 기하학입니다. 해석 기하학은 좌표와 함수를 이용해서 도형을 좌표 위에 그리고 식으로 표현합니다.

일차 함수인 $y = x + 2$와 이차 함수인 $y = x^2$의 교점을 구해 볼까요? 이를 대수적으로 풀면 먼저 x^2과 $x + 2$의 방정식을 풀어야 합니다.

대수적

대수학에서 하는 방식이나 법칙에 의한 것.

$$x^2 = x + 2$$
$$x^2 - x - 2 = 0$$
$$(x + 1)(x - 2) = 0$$
$$x = -1 \text{ 또는 } x = 2$$

(-1, 1) (2, 4)의 교점을 구할 수 있습니다.

위 문제를 좌표 평면으로 풀면 쉽게 교점을 구할 수 있습니다. 일차 함수인 $y = x + 2$와 이차 함수인 $y = x^2$을 좌표 평면에 그리고 둘 사이의 교점을 찾으면 됩니다. 일차 함수와 이차 함수를 정확하게 그렸다면 교점은 (-1, 1), (2, 4)임을 쉽게 알 수 있습니다.

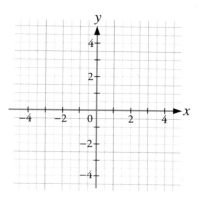
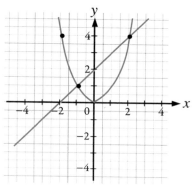

지도의 제작

    대항해 시대가 시작되면서 이탈리아를 중심으로 한 지중해 항로를 벗어나는 새로운 항로가 만들어집니다. 스페인과 포르투갈은 인도와 동아시아 교역을 위해 아프리카의 희망봉을 돌아가거나 서쪽으로 큰 바다를 건너면 아시아에 도착할 수 있다고 생각했습니다. 그래서 나침반과 아스트롤라베와 같은 관측기구와 함께 지도해도의 제작이 중요했습니다. 대항해 시대를 열 수 있었던 것은 측량술과 항해술의 발달 때문이었습니다.

    측량술은 삼각 측량법을 이용합니다. 삼각 측량법은 목표점 A와 기준점 B, C가 있고, BC의 길이(a)와 B, C의 각을 측정하면 삼각비를 이용해 A의 좌표와 BC에서의 거리(d)를 알 수 있습

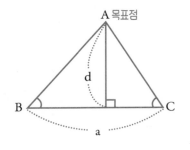

A 목표점

d

B

C

a

니다. 그리고 먼 거리라고 해도 BC의 거리와 B, C의 각을 망원경이나 각도기로 측정하면 A까지의 거리(d)를 계산할 수 있습니다. 삼각 측량은 지도 제작, 항해 측량 및 천체 측량에 사용되고, 대포의 운영에도 활용됩니다.

항해술은 관측기구를 사용합니다. 지도와 나침반 또는 아스트롤라베와 같은 관측기구가 있으면 원거리 항해가 가능합니다. 지도상에서 내 위치를 정확하게 알면 어떤 방향으로 가야 할지 정할 수 있습니다. 아스트롤라베는 고대 그리스와 이슬람의 천문 지식이 집대성된 기구로, 별자

아스트롤라베

리 관측을 통해 계절과 위치를 알 수 있었습니다. 나침반은 날씨와 관계없이 정확한 방위를 알 수 있어서 항해에 도움을 주었습니다.

매일 정오 태양이 가장 높을 때^{남중} 각도를 측정하면 위도를 알 수 있었습니다. 그렇지만 경도를 정확하게 알아내기는 쉽지 않

았습니다. 18세기 이후 정확한 시계가 만들어지고 나서야 경도를 쉽게 계산할 수 있게 되었습니다. 출발지에서 남중시를 측정해 두고 항해를 하면서 매일 측정하는 남중시와 비교하면 쉽게 경도를 계산할 수 있습니다. 남중시가 한 시간 차이 나면 출발지와 경도 차는 15도입니다.

> **남중시**
>
> 천체가 자오선을 통과할 때의 시각. 태양이 가장 높고, 그림자가 가장 짧다.

　우리가 사용하는 지도는 경도와 위도로 표시됩니다. 경도는 영국 그리니치 천문대를 기준으로 서쪽으로는 서경, 동쪽으로는 동경으로 표시합니다. 지구 표면을 세로로 360등분하고 동경

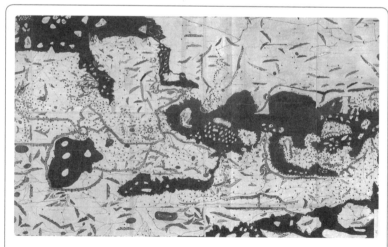

12세기 시칠리아 이슬람 제작 지도

180도, 서경 180도로 나눕니다. 위도는 적도를 기준으로 북반구
는 북위, 남반구는 남위 90도로 각각 나누기 때문에 지구 표면을
가로로 180등분합니다. 경도와 위도를 사용하면 지구상의 어떤
위치도 정확하게 표현할 수 있습니다. 지구 표면을 좌표축으로
옮긴 것과 같은 모양이지요.

처음 세계 지도로 많이 사용된 것은 16세기 메르카토르가 만
든 지도입니다. 이 지도는 위도와 경도가 수직으로 만나므로 방
위각이 정확해 항해도로 사용했습니다. 메르카토르가 만든 지

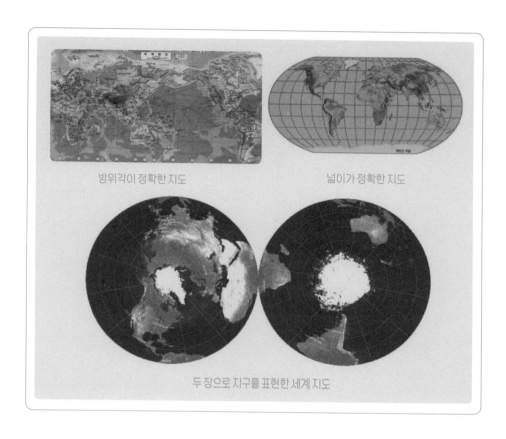

방위각이 정확한 지도

넓이가 정확한 지도

두 장으로 지구를 표현한 세계 지도

도는 세계 지도로 가장 많이 사용되고 있지만, 단점이 있습니다. 적도 지역에 비해 극지방이 지나치게 커 보인다는 것입니다. 메르카토르 도법에서는 그린란드가 호주보다 커 보이고 러시아가 아프리카보다 커 보이지만, 실제로는 호주와 아프리카가 더 큽니다. 극지방이 극단적으로 확대되어 보이기 때문에 이런 현상이 나타납니다. 지구 표면은 3차원 구면이고, 지도는 2차원 평면이기 때문에 구면을 평면에 표현할 때 왜곡이 발생합니다.

통계 자료에 지도를 사용할 때는 메르카토르 지도가 아닌 저위도와 고위도의 축척을 다르게 해서 실제 면적이 그대로 표현되는 로빈슨 도법 지도를 사용합니다. 이 지도는 면적이 잘 나타나는 반면 경도와 위도가 수직으로 만나지 않아서 항해도로 사용하기는 적합하지 않습니다.

항공도는 지구를 반구 형태로 잘라서 한 면을 표현합니다. 두 점 사이의 직선이 최단 거리가 됩니다. 인천공항에서 위도가 비슷한 미국 로스앤젤레스로 비행할 때 최단 거리는 동쪽으로 비행하는 것이 아니라 북동쪽으로 비행하다가 중간쯤에서 남동쪽으로 비행하는 것입니다. 지구본에서 보면 인천과 로스앤젤레스를 연결한 직선 항로가 메르카토르 도법 지도에서는 북동쪽으로 비행하다 중간에서 남동쪽으로 항로를 바꾸는 곡선 항로로 비행하는 것처럼 보입니다.

7강

미분과 적분
움직이는 것을 예측하다

고대부터 중세까지는 움직이지 않는 대상을 연구했습니다. 논리
학과 유클리드 기하학, 대수학과 삼각 함수 모두 정적인 대상에
관한 연구입니다. 근세에 들어서면서 움직이는 대상에 관한 연구
가 시작됩니다. 천문학에서는 태양과 행성 연구가 활발해집니다.
망원경의 발달로 행성 관측이 정확해지면서 천동설로서는 도저
히 설명할 수 없는 사실인 '지구가 세상의 중심이 아니라 지구는
태양을 도는 하나의 행성'임이 밝혀집니다. 그리고 전쟁에서는
대포의 사용이 승패를 결정하게 됩니다. 대포의 낙하지점을 알아
내기 위한 연구가 시작되면서 움직이는 대상에 관한 연구가 본격
적으로 이루어지고 미적분이 나타나게 됩니다.

프린키피아

《프린키피아》(원제: 자연 철학의 수학적 원리)는 서양 과학 혁명을 집대성한 책입니다. 1687년 아이작 뉴턴이 라틴어로 저술한 이 세 권짜리 책은 고전 역학의 기초를 이루는 뉴턴의 운동 법칙과 만유인력의 법칙을 기술하고 있습니다. 뉴턴은 자신이 고안해 낸 두 법칙으로 케플러의 행성 운동 법칙을 증명합니다.

코페르니쿠스, 케플러와 갈릴레오를 거치면서 발전한 천문학 혁명은 이후 근대 역학의 성공을 말해 주고 있습니다. 뉴턴은 《프린키피아》의 이론을 설명하기 위해 미적분학을 사용했지만 《프린키피아》에서는 주로 기하학적 증명을 사용했습니다. 뉴턴은 당시 사람들이 미적분의 내용을 제대로 이해하기 어렵다고 생각해 미적분을 직접적으로 사용하지 않고 기하학적 방법을 사용했다고 합니다.

뉴턴은 책의 서문에서 "역학은 운동에 관한 과학"이라고 정의하며 "모든 운동의 근원은 힘이고, 이 책에서는 이에 대한 명확한 증명을 제시한다."라고 적었습니다.

뉴턴은 《프린키피아》를 통해 새로운 과학 연구 방법을 제시했습니다. 첫째는 물체의 운동을 움직임이 아니라 힘으로 이해하는 것입니다. 둘째는 가설에서 시험 가능한 결론을 유도하는 것이 아니라, 가능한 이론을 수학적으로 찾고 실험으로 입증하는 것입니다. 셋째는 접촉하지 않고 거리가 떨어진 물체 사이에서 작용하는 인력인 중력을 탐색하는 것입니다.

《프린키피아》는 행성의 운동과 물체의 포물선 운동을 자세하게 다루었습니다. 또한 여러 개의 인력이 동시에 작용해서 결과 예측이 어려운 운동에 대해서도 탐색했습니다.

뉴턴의 중력 이론은 발표 당시 많은 비판을 받았습니다. 과학자들은 접촉하지 않고 작용하는 '중력'이라는 개념 도입을 놓고 '불가사의'를 과학에 도입했다고 비판했습니다. 18세기 말에 이르러서야 뉴턴의 법칙에 따라 중력이 작용한다는 것은 거부할 수 없는 이론이 되었습니다.

《프린키피아》는 힘과 운동에 관한 연구를 집대성해 '역학의 수학적 완성'을 이룬 저서입니다. 이 책은 또한 코페르니쿠스의 지동설이 안고 있던 많은 문제를 해결했습니다. 그리고 케플러가 발견한 행성의 타원 궤도에 대해 최종적인 해답을 제시했기에 과학사적으로 중요한 의미를 담고 있습니다.

《프린키피아》

1권: 마찰이 없을 때 물체의 운동

진공 중에서 물질의 입자가 어떻게 운동하는지를 설명하고 있습니다. 우리가 사용하는 운동 법칙인 관성 기준계, 즉 정지한 상태나 일정한 속도로 움직이는 기준계에서 운동을 설명할 때 적용됩니다. 여기서 뉴턴은 기하학적 형태로 미적분을 소개합니다. 현재 우리가 '면적 일정의 법칙'으로 알고 있는 법칙 증명과 서로 중력이 작용하는 3개의 물체의 운동을 설명했습니다.

2권: 매질 속에서 물체의 운동

저항이 있는 공간에서 물질의 입자가 어떻게 운동하는지를 설명하고 있습니다. 오늘날 '유체 역학'이라고 하는 분야입니다. 유체 속에서 속력에 비례하는 경우와 속력의 제곱에 비례하는 경우를 설명했고, 유체의 속력과 밀도·응결에 관한 연구를 통해 음향학의 기초를 이루었습니다.

3권: 태양계의 운동과 중력에 관한 설명

《프린키피아》의 가장 중요한 내용이라고 평가받고 있습니다. 코페르니쿠스의 지동설, 케플러의 행성 타원 궤도설을 증명하고 태양과 다른 행성의 질량을 추론합니다. 또 태양과 달이 지구의 조석 운동에 끼치는 영향을 설명하고 있습니다.

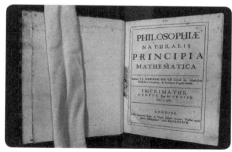

탄도학

갈릴레오와 뉴턴은 세상을 수학으로 이해하려고 했으며, 수학적 언어로 과학을 분석했습니다. 갈릴레오와 뉴턴의 이러한 생각은 대포 운용에도 적용되었습니다.

갈릴레오는 책상으로 경사면을 만들어 쇠구슬을 굴렸습니다. 그리고 경사면을 거쳐 아래로 떨어지는 궤적을 관찰해 날아가는 물체가 포물선임을 밝혀냈습니다.

뉴턴의 고전 역학을 이용하면 날아가는 포탄의 궤적을 알 수 있고, 포탄이 어디에 떨어질지도 정확하게 계산할 수 있었습니다. 날아가는 포탄의 궤적을 계산한 결과, 중력이 작용하는 지구 상에서 대포를 쏘면 포탄의 궤적이 이차 함수 모양으로 떨어진다는 것을 알게 되었습니다.

갈릴레오와 뉴턴의 연구는 탄도학에 혁명적 변화를 불러일으켰습니다. 이들의 연구 이전에는 감으로만 탄착점을 예측할 수 있었습니다. 수없이 많은 포격 훈련을 거듭한 끝에 어떤 각도로 대포를 쏘면 탄착점이 어디쯤이라는 것을 어렴풋이 알 수 있었습

> **탄도학**
> 발사한 탄환이 날아가는 방식을 연구하는 학문.

> **탄착점**
> 총포에서 발사한 탄알이 처음으로 도달한 지점.

니다. 그렇지만 이차 함수 문제를 풀면 탄착점이 어디라는 것을

경사면 쇠구슬 낙하 실험

수학적으로 찾아낼 수 있습니다.

대포의 사격에는 다음과 같은 관측과 수학이 필요합니다(주의: 이 값들은 이차 함수와 미분, 그리고 삼각비가 포술에 어떻게 활용되는지를 보여 주기 위한 것이며, 실제 대포의 발사 거리와 각은 아닙니다).

1. 대포와 대포에서 떨어진 곳에 있는 관측자는 대포와 목표물의 거리를 구합니다.

   삼각 측량 방법을 이용하면 적진 가까이 가지 않고도 목표물까지의 거리를 구할 수 있습니다. 삼각 측량으로 관측한 결과, 대포에서 목표물까지의 거리는 2킬로미터인 것을 알았습니다.

2. 포탄의 높이(고도)가 2킬로미터에서 0이 되는 이차 함수를 만듭니다.

y = ax(x-2)를 인수 분해를 이용해 얻을 수 있습니다. 이 식은 대포에서 발사되어 포물선을 그리며 높이 날아가다 2킬로미터 되는 지점에서 다시 땅에 떨어지는 것을 보여 줍니다. a는 포탄의 초기 속도에 따라 달라질 수 있지만, 포탄의 장약이 일정하면 상수라고 생각할 수 있습니다. 여기서는 a의 값을 -1이라고 하겠습니다.

y = -x(x-2) 이차 함수식을 얻을 수 있습니다.

좌표에서 음수 부분은 의미가 없습니다. 처음 포탄이 발사될 때의 고도는 0이고 1킬로미터 지점에서 최고점에 도달했다가 다시 고도가 낮아져서 2킬로미터 지점에서 0이 됩니다. 이는 목표물인 2킬로미터 지점에서 포탄이 땅에 떨어져 폭발한다는 뜻입니다.

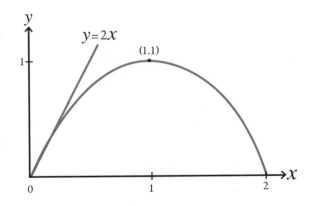

3. 접선의 방정식을 세웁니다.

처음 대포를 쏠 때 (x = 0) 이차 함수에 접하는 직선의 식을 구합니다. 이차 함수 y = -x(x-2)와 일차 함수 y = bx를 등식으로 놓고 접하므로 완전 제곱으로 만듭니다. x = 0일 때 접선은 y = 2x입니다.

그렇지만 미분을 통해 더 쉽고 빠르게 구할 수 있습니다. 미분한 도함수 y = -2x + 2에 x = 0을 대입하면 2를 얻을 수 있으므로 y = 2x를 구할 수 있습니다.

4. 대포의 발사 각도를 구합니다.

x축(오른쪽)으로 1 이동했을 때 y축(위쪽)으로 2 이동하는 직선은 tan α = 2입니다. 미리 삼각비를 계산한 표를 활용하면 α = 63.5도입니다.

5. 대포의 각도를 63.5도에 맞춰 발사하면 이 포탄은 2킬로미터를 날아가 목표물에 명중합니다.

삼각비, 이차 함수와 일차 함수, 미분을 알아야 대포를 쏠 수 있고, 이 포탄은 계산한 대로 날아가 목표물에 명중하게 됩니다.

19세기 들어서면서 대포가 전쟁의 승패를 결정짓습니다. 포병 전력은 대포의 수와 성능도 중요하지만, 대포를 운영하는 포술 능력, 즉 사람도 중요합니다. 수학을 이해하는 사람은 강력한 포

병이 될 수 있고, 강력한 포병을 양성한 국가는 전쟁에서 승리할
수 있습니다.

미적분과 실생활

　　미분은 잘게 나누어서 어떤 운동이나 함수의 순
간적인 움직임을 연구한 것입니다. 그리고 이 순간적인 움직임
을 도함수로 나타냅니다. 앞에서 알아본 것처럼 포탄의 궤적을

좌표 평면에 표현하면 포물선인 이차 함수가 됩니다. 각 점에서 순간적인 움직임은 도함수인 일차 함수인데, 일차 함수의 기울기가 0일 때 대포의 포탄이 가장 높은 위치에 있습니다. 최고점에서 좌우 대칭이므로 대포에서부터 날아가는 거리는 기울기가 0인 지점까지의 2배가 됩니다.

포탄을 좀 더 멀리 보내려면 대포의 각도를 조금 올리면 됩니다. 이론상으로는 45도로 대포를 쏠 때 포탄이 가장 멀리 날아갈 수 있습니다. 60도와 30도로 대포를 쏘면 같은 거리를 날아갑니다. 산과 같은 장애물로 앞이 막혔다면 순간 변화율을 이용해 이 함수가 앞으로 어떻게 움직일지 예측할 수 있습니다. 60도로 포격해 포탄을 높이 띄워서 장애물을 피해 공격할 수 있습니다.

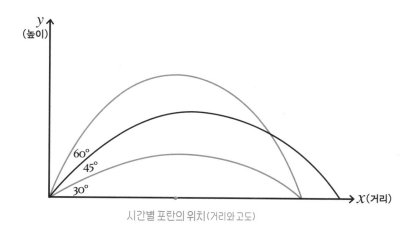

시간별 포탄의 위치(거리와 고도)

적분은 잘게 쪼개서 전체를 더하는 것입니다. 도형의 넓이와 부피를 구할 수 있어서 수학과 과학의 여러 분야에서 많이 활용되고 있습니다.

아래 함수식의 넓이를 구하려면 a부터 b까지를 작은 직사각형으로 나누어 그 합을 내면 됩니다. 이때, 직사각형을 유한 번 잘라 내는 것이 아니라 무한히 많이 잘라 그 합을 구해 a에서 b까지의 넓이를 알아내는 것이 적분입니다.

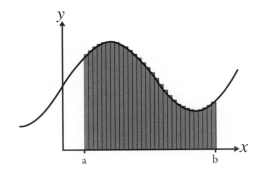

무한소를 이용해 직선과 곡선의 접선, 넓이, 부피를 구하는 것을 묶어서 미적분이라고 합니다. 현대의 기술과 과학 분야에서 여러 가지 문제를 해결하는 데 미적분이 사용되고 있습니다. 그리고 덧셈과 뺄셈이 역관계이듯이 미분과 적분도 역관계입니다. 따라서 함수를 적분했다가 미분하면 다시 원래의 함수가 됩

역관계

어떤 이치나 현상이 서로 반대되는 관계.

니다.

오늘날 미적분이 어떻게 사용되고 있는지 알아볼까요?

우주항공 & 미사일

미적분이 가장 많이 사용되는 분야는 우주항공입니다. 로켓을 발사할 때 중요한 것은 초기 속도와 추진력 계산인데, 이는 미적분을 응용해서 계산할 수 있습니다. 또한 1차 연료를 언제 분리할지, 2차 로켓을 언제 얼마만큼의 추진력으로 점화할지 모두 미적분을 이용해서 값을 얻을 수 있습니다. 물론 전체 비행시간과

비행 거리를 예측하는 데에도 미적분을 이용합니다. 현재 우주 항공 분야에서 알아야 할 값들이 많고 정밀해야 하므로 대부분 컴퓨터를 이용해서 값을 계산하고 있습니다.

대포와 대륙 간 탄도탄, 중거리 미사일과 같이 움직이는 공격 무기는 모두 미적분을 바탕으로 거리와 속도를 계산해서 발사합니다. 우주항공 분야의 발사체가 대포의 포탄이라고 생각하면 우주항공 분야와 미사일이 같은 원리라는 것을 쉽게 이해할 수 있습니다.

도로 설계

산악 지역에서는 도로를 곡선으로 만듭니다. 경사도^{등판 각도}가 너무 높으면 자동차가 올라가기 어려워서 경사도를 낮게 하려고

도로를 곡선으로 만드는 것입니다. 그렇지만 도로를 너무 휘어진 곡선으로 만들면 자동차가 도로에서 이탈할 수 있습니다. 속도에 따른 도로의 휘어짐곡률을 결정할 때 미분이 사용됩니다.

직선으로 나 있는 고속 도로에서는 100킬로미터로 달리다가 곡선 도로인 나들목으로 나올 때는 속도를 50킬로미터 이하로 낮추게 됩니다. 곡선 도로의 주행 속도에 맞는 회전각을 고려해야 도로에서 이탈하는 차량이 없는 안전한 도로를 만들 수 있습니다. 입체 교차로도 이런 원리를 이용해서 설계하고 시공합니다.

CT(컴퓨터 단층 촬영)

CT는 신체의 특정 부위를 여러 각도로 X선 촬영을 한 다음 컴퓨터로 조합해서 보는 사진으로, 다른 방법으로는 확인하기 어려운 암이나 종양을 정확하게 알아낼 수 있습니다. 신체의 특정 부위를 1도씩 회전하면서 X선 촬영을 하고 이 사진들을 조합하는 것은 수학적으로 적분의 원리와 같습니다. 이렇게 여러 각도에서 찍은 사진을 시각화한 것을 사이노그램이라고 합니다. 사이노그램을 푸리에 변환을 이용해 적분하면 영상도 복원할 수 있습니다.

3D 프린터

3D 프린터는 3차원 설계도를 실제 그대로 구현해 내는 기술입니다. 3차원 입체 도형을 같은 높이의 작은 2차원 평면 도형으로 나누고 그것을 한 층씩 쌓아 올려 설계도에 있는 물체를 실물 그대로 만들어 낼 수 있습니다. 같은 높이로 나누고 그것을 일일이 쌓아 입체를 만드는 것이 바로 미적분의 원리입니다.

미켈란젤로의 〈피에타〉(왼쪽)와 3D 모형(오른쪽)

◇◇ ～～～～～～ 뉴턴과 라이프니츠 ～～～～～～ ◇◇

수학에서 가장 위대한 발명이라고 할 수 있는 미적분을 누가 먼저 발명했는지를 놓고 영국과 독일의 학계는 대대적인 논쟁을 벌였습니다.

미적분은 뉴턴과 라이프니츠가 서로 독립적으로 연구해서 발명했다는 것이 다수의 의견입니다. 먼저 개념을 완성한 것은 뉴턴이라고 생각되지만, 학계의 기준이 되는 논문 발표는 라이프니츠가 먼저 했습니다. 그리고 나중에 뉴턴이 논문을 발표합니다. 물론 뉴턴은 논문 발표 이전부터 유율법의 개념을 사용한 논문을 발표하기도 했습니다.

뉴턴과 라이프니츠가 미적분을 발명한 영광을 공동으로 누리고 있긴 하지만 미적분을 배우는 우리는 라이프니츠에게 좀 더 고마움을 느껴야 합니다. 우리가 사용하는 미적분 기호는 대부분 라이프니츠가 만든 것이기 때문입니다.

물리학에 뛰어난 재능을 보였던 뉴턴은 물체의 운동 방법을 서술하는 방식으로써 미적분을 만들었고, 라이프니츠는 좌표 평면에 존재하는 해석 기하학의 방식으로 미적분을 만들었습니다. 그래서 현재 사용하고 있는 미적분 기호는 뉴턴의 기호보다 라이프니츠의 기호입니다.

집합과 수리 논리학

유한에서 무한으로

칸토어가 집합론을 창시한 이후부터를 현대 수학으로 보고 있습니다. 집합론에서는 그동안 금기시됐던 무한을 본격적으로 다루고 있습니다. 1부터 10000까지 유한 집합에서는 자연수의 집합이 짝수 집합보다 크지만 무한 집합에서는 일대일 대응이 되기 때문에 자연수와 짝수 집합의 크기가 같다고 생각합니다. 부분은 전체보다 작다는 논리학의 기초가 무한 집합에서는 통용되지 않습니다. 20세기 초 힐베르트는 수학적 가치 체계의 무모순성을 보이려고 했습니다. 참이지만 증명 가능하지 않은 명제가 존재한다는 괴델의 불완전성 정리가 나오면서 수학의 기초에 대한 근본적인 반성이 일어나게 됩니다.

무한 집합(힐베르트의 무한 호텔)

집합론은 집합의 성질을 연구하는 수학 이론으로, 술어 논리학과 함께 현대 수학을 논리적으로 지탱하는 수학의 중요한 분야입니다. 집합을 단순히 대상들의 모임으로 생각하는 것을 '소박한 집합론'이라고 하며, 우리가 학교에서 배우는 집합입니다. 그렇지만 이것을 엄밀하게 분석하면 러셀의 역설과 같은 모순이 발생하기 때문에 '공리론적 집합론'이 나오게 됩니다.

집합론은 고대 그리스 수학자 제논을, 그리고 인도에서 제기된 무한의 개념을 출발점으로 합니다. 현대의 집합론은 1870년대 칸토어와 데데킨트가 본격적으로 연구하기 시작합니다.

> **무한**
> 대상이 되는 집합의 원소 개수를 헤아릴 수 없음.

집합의 성질을 잘 이해할 수 있는 것이 '힐베르트의 무한 호텔'입니다. 무한 호텔에는 무한개의 방이 있고, 프런트에서는 지배인이 항상 손님 맞을 준비를 하고 있습니다.

상황 ① 무한 + 1(N1)

현재 무한개의 방에 무한 명의 손님이 투숙해 있습니다. 지금 프런트에 손님 1명이 새롭게 왔습니다. 이 손님은 방을 구할 수 있을까요?

지배인은 손님들에게 양해를 구하고 방을 한 칸씩 이동하게 합니다. 1호실 손님은 2호실로, 2호실 손님은 3호실로⋯n호실 손님은 n+1호실로 이동합니다. 1호실은 이제 비어 있어서 새로 온 손님이 1호실에 투숙하면 됩니다.

1호실	2호실	3호실	4호실	5호실	6호실	7호실	8호실	9호실	10호실	11호실
1	2	3	4	5	6	7	8	9	10	11

1호실	2호실	3호실	4호실	5호실	6호실	7호실	8호실	9호실	10호실	11호실
N_1	1	2	3	4	5	6	7	8	9	10

상황 ② 무한 + 무한(N1, N2, N3)

현재 무한개의 방에 무한 명의 손님이 투숙해 있습니다. 지금 새로운 버스가 와서 무한 명의 손님이 내립니다. 이 손님들은 방을 구할 수 있을까요?

지배인은 손님들에게 양해를 구하고 손님들 객실 번호에 2를 곱한 객실로 이동해 달라고 부탁합니다. 1호실은 2호실로, 2호실은 4호실로, n호실은 2n호실로 이동합니다. 그리고 새로운 무한 명의 손님은 1, 3, 5⋯호실에 투숙하게 합니다. 무한 명의 새로운 손님이 왔지만 모두 투숙할 수 있습니다.

1호실	2호실	3호실	4호실	5호실	6호실	7호실	8호실	9호실	10호실	11호실
1	2	3	4	5	6	7	8	9	10	11

1호실	2호실	3호실	4호실	5호실	6호실	7호실	8호실	9호실	10호실	11호실
N_1	1	N_2	2	N_3	3	N_4	4	N_5	5	N_6

상황 ③ 무한 + 무한 + 무한 + 무한…

현재 무한개의 방에 무한 명의 손님이 투숙해 있습니다. 지금 한 버스마다 무한 명의 승객을 태운 버스 무한 대가 새로 도착했습니다. 이 손님들은 방을 구할 수 있을까요?

지배인은 손님들에게 양해를 구하고 현재 투숙하고 있는 손님들에게 2, 2^2, 2^3…호실로 이동해 달라고 부탁합니다. 그리고 첫 번째 버스에서 내린 무한 명의 손님은 모두 3, 3^2, 3^3…호실에 투숙하게 합니다. 그리고 두 번째 버스에서 내린 무한 명의 손님은 5, 5^2, 5^3…호실에 투숙시킵니다. 계속해서 다음 버스에서 내린 손님은 7의 거듭제곱 호실에, 11의 거듭제곱 호실에 투숙시키면 무한 대의 버스에서 내린 무한 명의 손님 모두 방을 구할 수 있습니다.

이 무한 호텔 이야기는 '무한 + 1'과 '무한 + 무한', '무한 + 무한의 무한'이 모두 '무한'과 농도크기가 같다는 것을 보여 주고 있습

1호실	2호실	3호실	4호실	5호실	6호실	7호실	8호실	9호실	10호실	11호실
1	2	3	4	5	6	7	8	9	10	11

1 2, 2호실	2 2, 4호실	3 2, 8호실	4 2, 16호실	5 2, 32호실
1	2	3	4	5

1 3, 3호실	2 3, 9호실	3 3, 27호실	4 3, 81호실	5 3, 243호실
A1	A2	A3	A4	A5

1 5, 5호실	2 5, 25호실	3 5, 125호실	4 5, 625호실	5 5, 3125호실
B1	B2	B3	B4	B5

니다.

무한 집합에도 종류가 있습니다. 자연수, 정수, 짝수, 홀수, 유리수는 셀 수 있는 무한 집합입니다. 각각 일대일 대응이 되도록 짝을 지을 수 있기에 셀 수 있고 농도가 같은 집합입니다.

자연수의 집합과 유리수의 집합이 일대일 대응이 된다는 것을 알아보겠습니다. 자연수 집합은 1부터 커져서 셀 수 있는 무한 집합입니다. 유리수는 수직선에 조밀하게 있지만 셀 수 있습니다. 유리수는 기약 분수 꼴로 나타낼 수 있습니다.

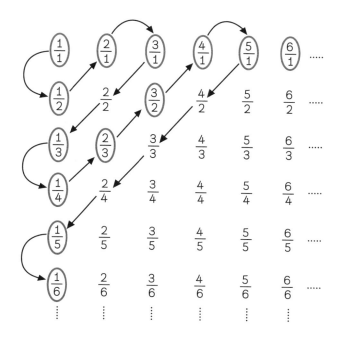

위 분수의 나열은 오른쪽으로도 아래쪽으로도 무한히 계속 나타납니다. 그리고 대각선에 있는 분수를 하나의 묶음으로 보면 분모와 분자의 합이 같은 수로 묶음이 만들어지는 것을 알 수 있습니다. 그러면 이 분수들과 자연수를 일대일 대응으로 만들 수 있습니다. 그래서 셀 수 있는 유리수는 자연수와 집합의 크기가 같다고 볼 수 있습니다.

다음 표는 분수의 나열에서 분자와 분모의 합이 일정한 수를 모은 것입니다.

첫 번째 모둠은 분자와 분모의 합이 2인 것으로, 1개가 있습니다.

두 번째 모둠은 분자와 분모의 합이 3인 것으로, 2개가 있습니다.

세 번째 모둠은 분자와 분모의 합이 4인 것으로, 3개가 있습니다.

네 번째 모둠은 분자와 분모의 합이 5인 것으로, 4개가 있습니다.

다섯 번째 모둠은 분자와 분모의 합이 6인 것으로, 5개가 있습니다.

여섯 번째 모둠은 분자와 분모의 합이 7인 것으로, 6개가 있습니다.

N번째 모둠은 분자와 분모의 합이 N+1인 것으로, N개가 있습니다.

$\frac{1}{1}$	$\frac{1}{2}\frac{2}{1}$	$\frac{3}{1}\frac{2}{2}\frac{1}{3}$	$\frac{1}{4}\frac{2}{3}\frac{3}{2}\frac{4}{1}$	$\frac{5}{1}$ .... $\frac{1}{5}$	$\frac{1}{6}$ .... $\frac{6}{1}$

1	2 3	4 5 6	7 8 9 10	11 15	16 21

유리수가 무한히 많지만 기약 분수 꼴로 나타낼 수 있고, 분모와 분자의 합이 일정한 수로 묶어 낼 수 있습니다. 그리고 그 분수들은 자연수에 일대일 대응을 할 수 있습니다. 결국 무한의 세계에서는 유리수가 자연수와 일대일 대응이 될 수 있습니다. 이 생각을 확장하면 모든 셀 수 있는 무한 집합은 자연수와 일대일 대응할 수 있고 자연수와 크기가 같다고 할 수 있습니다.

논리를 기호로 표현

현대 논리학, 기호 논리학, 수리 논리학은 모두 같은 의미입니다. 언어를 사용하는 일반 논리학과 달리 기호를 사용하는 논리학으로, 전통 논리학과 현대 논리학을 구분할 때 자주 쓰입니다.

논리는 기존 지식에서 새로운 지식을 얻어 내기 위해 수학적 연역법을 사용합니다. 이미 참으로 알려져 있는 지식에서 새로운 사실을 유도해 새로운 사실 또한 참이라는 것을 증명합니다. 유클리드의《기하학 원론》에서 사용된 방법으로, 새로운 사실이 참이라는 것을 확인할 수 있는 명확한 근거를 보여 주는 방법입니다.

기존의 논리는 대상을 정확하게 서술할 수 있는 도구로서 언어를 사용합니다. 그렇지만 언어가 가지고 있는 불명료한 성질 때문에 혼란을 불러일으키는 경우가 있습니다. 예를 들어 반어법이나 비꼬는 말은 논리적 해석이 거꾸로 되는 경우가 있습니다. 귀엽고 예쁜 자녀에게 '우리 못난이'라고 할 때, 정말 못났다는 게 아니라 '예쁜 우리 아이'라는 의미입니다. 그리고 일을 잘하지 못해서 망쳐 놨을 때 "잘하는 짓이다."라고 말할 때가 있는데, 이는 잘했다는 칭찬이 아니라 반어적으로 일을 잘하지 못한 것을 비난하는 말입니다.

사회가 발달하면 언어도 표현이 풍부해지고 중의적 표현, 반어적 표현이 많아집니다. 그러나 논리학에서는 이를 받아들이기가 어렵습니다. 실생활에서는 언어가 상황과 함께 전달되지만, 논리학에서는 상황이 생략되고 언어만 전달되기 때문에 두 가지 의미로 해석될 수 있습니다. 수리 논리학은 기호를 사용해 언어에서 발생하는 논리의 모호성을 없앱니다. 이 때문에 수리 논리학을 기호 논리학이라고도 합니다.

논리는 집합과 함께 컴퓨터 이론을 발전시키는 수단이 됩니다. 수리 논리학이 컴퓨터를 위해 발전된 것은 아니지만 언어가 아닌 기호를 사용하면서 컴퓨터의 논리 조립이 가능해졌습니다. 그리고 기호가 이진법의 수로 전환되면서 컴퓨터는 판단과 연산을 할 수 있게 됩니다.

논리학을 수학적 기호로 전개할 수 있다고 생각하고 처음 제안한 사람은 라이프니츠입니다. 그리고 19세기에 불이 논리를 대수처럼 계산하는 체계를 제시했고, 프레게와 퍼스는 각각 독립적으로 개념 또는 술어 수준에서 명제를 분석하는 논리 체계를 연구했습니다.

프레게에 이어 러셀과 화이트헤드는 모든 수학적 참을 논리학적 참으로 환원하는 기획을 제안했고, 이는 수학 전체에 대한 무모순적 공리 체계를 만들려고 하는 힐베르트의 제안에도 영향을 끼치게 됩니다. 그러나 괴델의 불완전성 정리로 인해 논리주의와 형식주의의 전통적 형태는 결정적 위기를 맞게 됩니다. 이후 수학자들의 연구 성과를 바탕으로 20세기 후반부터 현대 수리논리학이 발달하게 됩니다.

전통적으로 논리학은 "올바른 생각의 규칙은 무엇인가?"라는 문제에 답하고자 하는 학문으로 생각되었지만, 프레게 이후에는 "무엇이 타당한 논증인가?"라는 질문으로 전환됩니다. 수리논리학에서 논증이란 특정한 문장 집합_{전제}과 특정한 문장_{결론}으로 구성됩니다. 이런 무수한 논증들 가운데 오직 일부만이 적법한 논증, 즉 타당한 논증입니다.

타당한 논증이란 전제가 모두 참일 때 그 결론 또한 반드시 참인 논증입니다. 전제들이 모두 참이지만 결론이 거짓일 수 있는 논증은 부당한 논증입니다. 전제들이 모두 참이고 결론이 참이라고 해서 그 논증이 반드시 타당한 것은 아닙니다. 논증이 타당하려면 전제들이 모두 참일 때 결론 또한 반드시 참이어야 합니다. 전제들이 모두 참이지만 결론이 우연히 참인 것은 타당한 논증이 아닙니다.

합성 명제를 만드는 5개의 결합자			
기호	이름	표기	의미
~	부정	~ p	p가 아니다.
∧	논리곱	p ∧ q	p이고 q이다.
∨	논리합	p ∨ q	p이거나 q이다.
→	조건부	p → q	p이면 q이다.
↔	쌍조건부	p ↔ q	p이면 q이고 q이면 p이다.

논리곱과 논리합의 진리표					
p	q	$p \wedge q$	p	q	$p \vee q$
T	T	T	T	T	T
T	F	F	T	F	T
F	T	F	F	T	T
F	F	F	F	F	F

러셀의 역설

러셀의 역설은 영국의 철학자이자 수학자인 러셀이 제시한 집합론의 역설로, '이발사의 역설' 또는 '도서관 사서의 역설'이라고도 합니다.

세비야의 한 이발사가 다음과 같이 선언했습니다. "앞으로 나는 자기 수염을 '스스로 깎지 않는' 모든 사람의 수염을 전부 깎아 줄 것이오. 다만 '스스로 깎는' 사람은 깎아 주지 않겠소."라고 말했습니다. 이때 "이 이발사의 수염은 누가 깎아 주나?" 하는 문제가 발생합니다.

만약 이발사가 스스로 수염을 깎는다면 스스로 수염을 깎는 사람은 깎아 주지 않겠다는 선언을 어기게 됩니다. 스스로 수염을 깎지 않는다면 이발사는 계속해서 수염을 깎을 수 없습니다. 마을에 이발사가 한 명이면 이 이발사는 영원히 수염을 깎을 수 없게 됩니다. 이 문제를 환원하면 '스스로 깎지 않는 사람들의 집합'에도 '스스로 깎는 사람들의 집합'에도 속할 수 없는 역설이 발생합니다.

1901년 러셀의 역설이 영국 학회에 발표되자 수학계는 큰 혼란에 빠졌습니다. 완전무결하다고 생각했던 수학 전체의 공리와 추론의 체계를 뒤집어 버리는 일이었기 때문입니다. 수학의 근간 자체를 흔들어 버린 러셀의 역설을 해결하기 위해 많은 수학자들이 노력했습니다. 러셀 자신도 이 논리의 허점을 연구했고, 얼마 후 러셀 자신이 이 문제를 해결함으로써 끝을 맺었습니다.

러셀은 이러한 모순이 만들어진 이유가 '집합'의 정의에서 비롯됨을 알아차렸습니다. 처음 집합론이 나왔을 때는 소박하게 그냥 '원소를 모아 놓은 것'이라고 생각했기에 지금은 생각하기 힘든 '자기 자신을 포함하는 집합'이라는 것이 가능했던 것입니다. 러셀은 당시 집합의 정의와도 크게 모순되지 않으면서 이 역설을 해결하기 위해 '집합'의 정의를 체계적으로 재정비함으로써 모순을 해결했습니다.

단순한 해프닝처럼 보일 수도 있지만 러셀의 역설이 수학계에 끼친 영향은 무척 컸습니다. 러셀이 소박한 집합론의 근본적인 허점을 제시함으로써 당시까지 논리적으로 아무런 문제가 없다고 사용되던 집합론이 근본적인 결함을 가지고 있다는 사실을 수학자들이 깨달았습니다. 이는 집합을 통한 수학 체계 재정비

S는 원소로 자기 자신을 가질 수 있을까?

에 앞서 집합론의 공리를 확실히 해야 한다는 생각으로 이어져 새로운 공리계가 탄생하는 계기가 되었습니다.

불완전성의 정리

우리가 사용하고 있는 수학 체계는 증명할 수 없는 논리를 포함하고 있습니다. 왜냐하면 공리계의 완전성을 그 공리계 내부 논리로 증명하면 순환 논증의 오류에 빠지기 때문입니다. 불완전성의 정리는 괴델이 1931년에 발표한 내용으로, 19세기 해석학^{수학}의 발달 및 비유클리드 기하학의 본격적인 등장으로 촉발된 수학 기초론의 대표적인 성과입니다. 이는 현대 논리학의 토대가 되는 동시에 20세기 수학 및 철학, 컴퓨터 과학에 많은 영향을 끼쳤습니다.

술어 논리는 일상적으로 사용되는 논리를 확장한 것으로, 기호를 사용해서 논리를 표현합니다. 괴델은 23세에 1차 술어 논리에 대한 완전성 정리를 증명했고, 25세에 불완전성 정리를 증명했습니다.

비슷한 이름의 개념으로 하이젠베르크가 발견한 물리학의 불확정성의 원리가 있습니다. 양자 역학에서 입자의 위치와 운동

량을 동시에 정확하게 측정할 수 없다는 내용입니다.

불완전성 정리는 '제1 불완전성 정리'와 '제2 불완전성 정리'로 나뉩니다.

제1 정리: 페아노 공리계를 포함하는 어떤 공리계도 무모순인 동시에 완전할 수 없다. 즉, 자연수 체계를 포함하는 어떤 체계가 무모순이라면 그 체계에서는 참이면서 증명할 수 없는 명제가 적어도 하나 이상 존재한다.

제2 정리: 페아노 공리계가 포함된 어떤 공리계가 무모순일 경우, 그 공리계에서 그 공리계 자신의 무모순성을 도출할 수는 없다.

페아노 공리계란 우리가 사용하고 있는 자연수에 관한 공리를 말합니다. 1+1=2라는 것도 이것을 통해 정의된 것입니다. 그런데 이 공리를 포함하는 체계가 모순이 없다면 참인데 증명할 수 없는 명제가 존재한다는 것입니다.

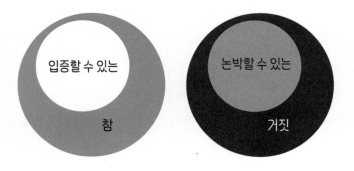

제2 정리에 확실하게 영향을 받은 것은 이른바 '힐베르트 프로그램'입니다. 이 프로그램은 형식화된 수학 이론의 무모순성을 유한한 절차에 따라 증명하려고 했습니다. 그러나 불완전성 정리 발표 이후 대대적인 수정이 불가피했습니다.

불완전성 정리에 대한 잘못된 해석 한 가지는 참도 거짓도 아닌 수학적 명제가 있다는 것이 불완전성 정리를 통해 증명되었다는 것입니다. 이 해석이 잘못된 이유는 참임에도 불구하고 증명이 불가능한 명제가 있다는 것이 바로 제1 정리이기 때문입니다. 참도 거짓도 아닌 명제, 참이면서 동시에 거짓인 명제 등을 인정하는 비고전 논리학이 존재하는 것은 분명하지만, 이는 불완전성 정리에서 곧장 도출되는 것은 아닙니다.

비수학자들은 불완전성 정리를 "논리와 이성으로 이 세상을 완전하게 설명할 수는 없다." 정도로 이해하는 경우가 있습니다. 몇몇 철학자들은 "우리가 진리에 결코 도달할 수 없다."라는 의미로 해석하기도 합니다. 문학에서는 뜻의 난해함 때문에 '참과 거짓이 혼재하는 논리 체계'라고 오해하기도 하지만 괴델의 정리는 '참으로 증명된 정리'의 존재를 부정하지 않으며, 참인 명제를 거짓이라고 선언하지도 않습니다.

9강

—

암호

전쟁의 승패를 결정짓는 암호

암호는 사전에 약속된 사람만 내용을 이해하고 약속되지 않은 사람은 내용을 이해할 수 없도록 하는 것이 중요합니다. 고대 시대부터 정치 외교와 군사 분야에서 암호가 많이 사용되었습니다. 20세기에 제2차 세계 대전을 거치면서 암호와 암호 해독은 전쟁의 승패를 좌우할 만한 분야로 영향력이 커지고 암호를 해독하기 위해 컴퓨터가 개발됩니다. 현재는 인터넷 거래에 본인 인증 프로그램으로 사용되는 등 가상 거래에도 활발하게 사용되고 있습니다.

고대와 중세의 암호

비밀번호 Password는 특정한 자원에 접근 권한이 있는지를 확인하는 것이고, 암호 Cipher는 해당 정보를 변형해서 약속 기호를 모르는 사람은 이용할 수 없게 만드는 것입니다. 학문적으로 암호는 'Cipher'를 의미하며, 이 경우 비밀번호에 해당하는 것은 '키 key'라고 합니다. 현재 세계 각국은 적국의 암호는 뚫고 자신의 암호는 지키려고 합니다. 암호학 Cryptology은 현대에 매우 활발히 연구되고 있는 학문이고, 각국 정보기관에 암호 해독 부서를 운영하고 있습니다.

카이사르 암호

율리우스 카이사르의 이름을 딴 암호로, 영미권에서는 '시저 암호'라고도 합니다. 카이사르 때문에 유명해졌지만, 카이사르가 맨 처음 사용한 것은 아닙니다.

A…Z를 1~26에 대응한 후 무작위의 숫자를 키로 정하면, 암호문의 각 글자는 평문의 A+key(mod 26)가 됩니다. 만약 키가 2라면 두 자씩 밀어서 읽어야 하니 A→C, B→D…Y→A, Z→B가 되는 식입니다. 꼭 뒤로 밀 필요는 없고, 앞으로 밀어서 A→Y, B→Z…로도 가능합니다. 카이사르가 실제로 사용했을 때는 키

가 3이었다고 합니다. 카이사르 암호는 글자 하나당 다른 문자 하나를 치환하는 단일 치환 암호입니다.

I Love You = K Nqxg Aqw (+2)

과거 로마가 전쟁을 할 때 카이사르 암호를 사용했는데, 이 암호가 유용했던 이유는 적들이 글을 몰랐기 때문이라고 합니다. 적들은 애초에 글자를 모르니, 암호로 쓰건 평문으로 쓰건 읽지를 못합니다. 따라서 이 암호는 외부의 적 때문에 사용한 것이라기보다는 로마 내부의 정적에 대비한 것이라고 할 수 있습니다.

이 암호는 알파벳을 알고 있다면 풀기 쉽습니다. 시간을 들여 1~26의 가능성을 모두 맞춰 보기만 하면 됩니다. 카이사르 암호가 아니더라도 단일 치환 암호는 빈도 분석을 통해 해독하는 것이 어렵지 않습니다. 영어에서 가장 많이 나오는 문자는 'e, a, t'입니다. 그리고 가장 많이 나오는 단어는 'the, and'입니다. 이 두 가지를 기준으로 문자를 대입해 보면 어렵지 않게 단일 치환 암호를 해독할 수 있습니다.

프리메이슨 암호

프리메이슨 암호는 프리메이슨들이 메시지를 주고받을 때 사용한 암호입니다.

프리메이슨 암호는 두 가지가 있는데, 첫 번째는 9개 구역에 알파벳이 적혀 있는 표를 이용합니다. '6111633371'이라는 암호를 해독해 볼까요?

프리메이슨

18세기 초 영국에서 시작된 세계 시민주의적, 인도주의적 우애를 목적으로 하는 단체.

먼저 숫자를 2개씩 끊어서 다시 쓰면 (61) (11) (63) (33) (71)이 됩니다. 두 자리 수의 첫째 자리는 9개 구역의 순서를, 둘째 자리는 구역 안에서의 순서를 뜻합니다. 처음 수 (61)은 여섯 번째 구역의 첫 번째 수는 P입니다. (11)은 첫 번째 구역의 첫 번째 수는 A, (63)은 여섯 번째 구역의 세 번째 수는 R입니다. 같은 방법으로 세 번째 구역의 세 번째 수는 I, 일곱 번째 구역의 첫 번째 수는 S입니다. 그래서 '6111633371'은 'PARIS'를 뜻합니다. 해독하는 방법인 키를 알면 쉽게 풀 수 있는 암호입니다.

두 번째로 '돼지우리 암호'라고도 하는 암호입니다. 3×3, 2×2 마방진 형태의 치환 방법으로, 영문자를 예정된 해석표에 대입하면 암호를 풀 수 있습니다. 숫자를 전혀 사용하지 않고 오직 기호와 점만 사용한다는 특징이 있습니다.

프리메이슨 암호

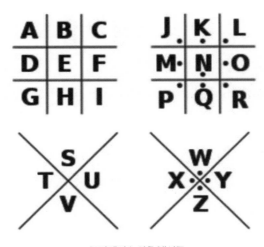

프리메이슨 암호 해석표

위 암호를 해독하면 'hello crypto knight'입니다.

비즈네르 암호

비즈네르 암호는 16세기, 프랑스 외교관 비즈네르가 만든 암호입니다. 비즈네르 암호는 단일 치환 방법이 아니라서 빈도 분석에 의한 암호 해독이 어렵습니다. 키워드를 알아야 암호를 풀 수 있지요.

예를 들어 원문 'divert troops to east ridge(부대를 동쪽 산등성이로 철수시켜라)'를 암호문으로 바꾸어 볼까요? 키워드는 'SKY'입니다.

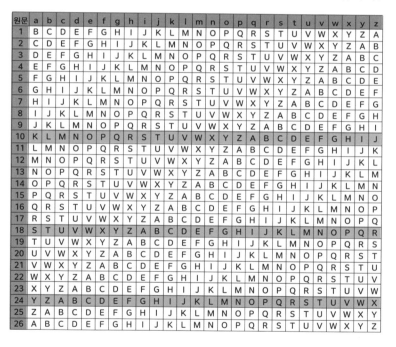

원문	a	b	c	d	e	f	g	h	i	j	k	l	m	n	o	p	q	r	s	t	u	v	w	x	y	z
1	B	C	D	E	F	G	H	I	J	K	L	M	N	O	P	Q	R	S	T	U	V	W	X	Y	Z	A
2	C	D	E	F	G	H	I	J	K	L	M	N	O	P	Q	R	S	T	U	V	W	X	Y	Z	A	B
3	D	E	F	G	H	I	J	K	L	M	N	O	P	Q	R	S	T	U	V	W	X	Y	Z	A	B	C
4	E	F	G	H	I	J	K	L	M	N	O	P	Q	R	S	T	U	V	W	X	Y	Z	A	B	C	D
5	F	G	H	I	J	K	L	M	N	O	P	Q	R	S	T	U	V	W	X	Y	Z	A	B	C	D	E
6	G	H	I	J	K	L	M	N	O	P	Q	R	S	T	U	V	W	X	Y	Z	A	B	C	D	E	F
7	H	I	J	K	L	M	N	O	P	Q	R	S	T	U	V	W	X	Y	Z	A	B	C	D	E	F	G
8	I	J	K	L	M	N	O	P	Q	R	S	T	U	V	W	X	Y	Z	A	B	C	D	E	F	G	H
9	J	K	L	M	N	O	P	Q	R	S	T	U	V	W	X	Y	Z	A	B	C	D	E	F	G	H	I
10	K	L	M	N	O	P	Q	R	S	T	U	V	W	X	Y	Z	A	B	C	D	E	F	G	H	I	J
11	L	M	N	O	P	Q	R	S	T	U	V	W	X	Y	Z	A	B	C	D	E	F	G	H	I	J	K
12	M	N	O	P	Q	R	S	T	U	V	W	X	Y	Z	A	B	C	D	E	F	G	H	I	J	K	L
13	N	O	P	Q	R	S	T	U	V	W	X	Y	Z	A	B	C	D	E	F	G	H	I	J	K	L	M
14	O	P	Q	R	S	T	U	V	W	X	Y	Z	A	B	C	D	E	F	G	H	I	J	K	L	M	N
15	P	Q	R	S	T	U	V	W	X	Y	Z	A	B	C	D	E	F	G	H	I	J	K	L	M	N	O
16	Q	R	S	T	U	V	W	X	Y	Z	A	B	C	D	E	F	G	H	I	J	K	L	M	N	O	P
17	R	S	T	U	V	W	X	Y	Z	A	B	C	D	E	F	G	H	I	J	K	L	M	N	O	P	Q
18	S	T	U	V	W	X	Y	Z	A	B	C	D	E	F	G	H	I	J	K	L	M	N	O	P	Q	R
19	T	U	V	W	X	Y	Z	A	B	C	D	E	F	G	H	I	J	K	L	M	N	O	P	Q	R	S
20	U	V	W	X	Y	Z	A	B	C	D	E	F	G	H	I	J	K	L	M	N	O	P	Q	R	S	T
21	V	W	X	Y	Z	A	B	C	D	E	F	G	H	I	J	K	L	M	N	O	P	Q	R	S	T	U
22	W	X	Y	Z	A	B	C	D	E	F	G	H	I	J	K	L	M	N	O	P	Q	R	S	T	U	V
23	X	Y	Z	A	B	C	D	E	F	G	H	I	J	K	L	M	N	O	P	Q	R	S	T	U	V	W
24	Y	Z	A	B	C	D	E	F	G	H	I	J	K	L	M	N	O	P	Q	R	S	T	U	V	W	X
25	Z	A	B	C	D	E	F	G	H	I	J	K	L	M	N	O	P	Q	R	S	T	U	V	W	X	Y
26	A	B	C	D	E	F	G	H	I	J	K	L	M	N	O	P	Q	R	S	T	U	V	W	X	Y	Z

위 표의 원문 'd'에서 아래로 선을 긋고, 키워드 'SKY'의 'S'에

서 오른쪽으로 선을 그어 교차하는 것은 V입니다. 마찬가지로 원문 'i'와 키워드 'K'가 교차하는 것은 'S', 원문 'v'와 키워드 'Y'가 교차하는 것은 'T', 원문 'e'와 키워드 'S'가 교차하는 것은 'W'입니다. 같은 방법으로 교차하는 암호문을 구하면 'VSTWBR LBMGZQ LY CSCR JSBYO'가 완성됩니다.

키워드	S	K	Y	S	K	Y	S	K	Y	S	K	Y	S	K	Y	S	K	Y	S	K	Y	S	K
원문	d	i	v	e	r	t	t	r	o	o	p	s	t	o	e	a	s	t	r	i	d	g	e
암호문	V	S	T	W	B	R	L	B	M	G	Z	Q	L	Y	C	S	C	R	J	S	B	Y	O

키워드와 원문, 암호문을 정리한 위 표를 보면 원문의 같은 'o'가 암호문 'M', 'G', 'Y'로 표기되는 것을 확인할 수 있습니다. 앞에서 설명한 것처럼 비즈네르 암호는 빈도 분석이 아닌 키워드를 공유해야 풀 수 있는 암호라서 단일 치환 암호문보다 암호 해독이 어렵습니다.

암호는 정치, 전쟁과 연관되어 있었습니다. 16세기 스페인 무적함대가 영국을 침략하려는 것도 암호 해독을 통해 영국이 사전에 알고 있었고, 스코틀랜드의 메리 1세의 '반역' 모의를 밝혀낸 것도 암호 해독으로 가능했습니다. 20세기 제2차 세계 대전 당시 태평양 전쟁에서 미 해군은 암호 해독을 통해 일본이 미드웨이를 공격할 것을 알고, 일본 해군을 기습했습니다. 또 영국군은 미국-영국 전쟁 물자 수송 선단의 길목을 노려 어뢰로 공격하는 독일 유보트 때문에 전쟁 물자를 제대로 공급받지 못해 큰 타격을 받았습니다. 이후 독일군 모르게 영국군이 암호를 해독하면서 유보트의 위력은 많이 약해집니다.

> **유보트**
> 제1차, 제2차 세계 대전 때 대서양에서 활동한 독일의 중형 잠수함.

이슬람에서는 현대적인 의미의 암호학이 발달했습니다. 이슬람 학자들은 단일 치환 암호를 깨는 빈도 분석법을 개발해 사용했는데, 이는 빈도 분석법의 바탕이 되는 통계학과 언어학이 그만큼 발달했다는 뜻입니다. 유럽에서는 교황청 암호국이 중세 유럽의 암호를 주도했으며, 이후 각 국가도 자체적으로 암호국을 도입해 외교와 군사 분야에서 암호를 사용했습니다.

제2차 세계 대전과 암호

에니그마와 콜로서스

에니그마는 제2차 세계 대전에서 사용된 독일군의 암호로, 원래는 상업용으로 사용되었던 암호 타자기를 독일군이 3~5개의 회전자를 덧붙여 군용으로 개량한 것입니다. 회전자를 통해 다중 치환 암호를 만들 수 있었고, 반전자를 설치해

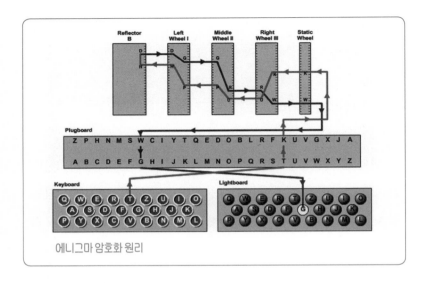

에니그마 암호화 원리

암호 생성기와 암호 해독기의 역할을 동시에 할 수 있었습니다.

평문을 입력하면 자동으로 암호문이 출력되고 반대로 암호문을 입력하면 자동으로 평문이 출력됩니다. 타자기 크기의 에니그마로 자유롭게 암호를 만들고 해독할 수 있었기에 독일 해군 본부와 유보트의 암호 통신문으로 사용되었습니다.

에니그마의 암호 해독을 위한 수학적인 경우의 수가 너무 커서 독일군은 연합군이 암호를 해독할 수 없으리라고 생각했습니다. 실제로 독일 암호 전문가들은 에니그마가 가장 안전한 암호 체계라고 해군 사령관에게 보고했고, 제2차 세계 대전이 끝날 때까지 에니그마가 해독되고 있다는 사실을 짐작조차 하지 못했습니다.

제2차 세계 대전이 일어나고 폴란드가 독일에 점령당하면서 폴란드 암호국의 암호 전문가들은 영국으로 망명하게 됩니다. 폴란드 암호 전문가들은 영국 암호국 앨런 튜링과 협력해서 지금까지 손으로 계산하던 통계 계산을 전자적으로 계산해 주는 '봄베'를 개발했고, 연합군의 암호 해독 속도는 훨씬 빨라지게 됩니다.

앨런 튜링은 여러 가지 수학적인 방법을 이용해 에니그마 해독 난이도를 10조분의 1로 낮춥니다. 낮아진 난이도와 '봄베' 덕분에 에니그마의 해독은 단지 시간상의 문제가 됩니다. 암호 해독 키가 매일 바뀌는 암호 체계인 에니그마의 우수성을 철석같

에니그마

이 믿은 독일군은 연합군이 24시간 이내에 암호를 해독하리라고
는 상상도 하지 못했습니다. 그러나 연합군은 빠르게 에니그마
를 해독해 냅니다. 그리고 에니그마를 해독했다는 것을 독일군

◇◇ ─────── 에니그마 해독의 힌트 ─────── ◇◇

에니그마에서 문자를 치환할 때 다음 섹터에서 그 전 섹터 문자는 반드시
다른 문자로 변환하게 됩니다. 예를 들어 A는 다음 섹터에서 B, C, D로 변
환될 수 있지만, A로 그대로 변환되지는 않습니다. 에니그마는 3~5개의 회
전자를 사용해 문자를 치환하는데, 이 규칙을 적용하면 전체 경우의 수를 획
기적으로 줄일 수 있습니다.

독일 해군에서는 암호가 제대로 전달되는지 확인하기 위해 처음 세 글자를
한 번 반복해서 전송합니다. 평문으로 ACEACE를 전송하면 암호를 받는 쪽
에서 세 문자가 한 번 반복되니까 암호가 정상이라는 것을 확인할 수 있습니
다. 암호를 해독하는 쪽에서는 중요한 해독 키를 얻은 것이나 다름없습니다.
전쟁 후기에는 독일군에서 반복 전송하는 방식을 변경했습니다.

독일 암호국에서는 암호에서 사용을 자제해야 하는 관용구를 그대로 사용하
는 경우가 많았습니다. 문장의 맨 처음에 등장하는 '친애하는' '좋은 아침'과
같은 문구는 암호에서 사용하지 않는 것이 좋은데 독일 암호에서는 이런 관용
구가 무의식적으로 많이 사용되었다고 합니다. 에니그마는 절대 해독 불가능
하다고 생각했기에 암호문을 평문처럼 사용했습니다. 그렇지만 연합군은 이
런 해독 힌트를 이용하고 전자식 계산기를 활용해서 암호를 해독합니다.

이 눈치채지 못하도록 위장 작전을 완벽하게 수행합니다.

독일의 또 다른 암호 체계인 로렌츠 암호 체계Lorenz Cipher는 베를린에 있는 독일군 최고 사령부인 OKW와 다른 지역에 떨어져 있는 독일군 지역 사령부를 연결하는 최고 암호 장비입니다.

그리고 이 로렌츠 암호 체계를 빨리 해독하기 위해 콜로서스를 개발했습니다. 그러나 제2차 세계 대전이 끝난 후 동서 냉전 시대가 시작되면서 암호 해독 기술과 디지털 컴퓨터의 존재가 소련으로 전해지는 것을 막기 위해 콜로서스의 설계도를 태우고 기계는 해체했습니다.

세계 최초의 프로그래밍 가능 디지털 컴퓨터인 콜로서스는 로렌츠 암호를 굉장히 빠른 속도로 해독했습니다. 로렌츠 암호 해독을 위한 비밀 키를 찾아내려면 보통 몇 주 동안 수작업으로 계산을 해야 했지만, 콜로서스를 이용하면 수십 분 만에 비밀 키를 찾아낼 수 있었습니다.

영국 정보국의 활약으로 연합군은 독일의 암호 통신을 모두 살펴볼 수 있었습니다. 연합군 총사령관 아이젠하워는 제2차 세계 대전 승리의 가장 큰 요인을 독일군 암호 해독으로 꼽았고, 전후 전쟁을 연구하는 역사가들은 암호 해독이 없었다면 제2차 세계 대전은 1948년에나 종전되었을 것이라는 결과를 내놓았습니다. 전쟁에서 암호의 중요성을 가장 확실하게 보여 준 예가 바로 제2차 세계 대전이라고 할 수 있습니다.

태평양 전쟁

전쟁에서는 우리 편 암호를 보호하고, 상대편 암호를 해독하는 것이 중요합니다. 전쟁 중에 독일과 일본, 이탈리아는 추축국이 되고 영국과 미국, 프랑스는 연합국이 됩니다. 동맹국끼리는 정보 교환과 함께 암호 취급 방식도 어느 정도는 공유하게 됩니다. 암호 전쟁에는 독일과 일본이 한편이 되고 영국과 미국이 한편이 됩니다. 일본의 암호 체계는 독일의 영향을 받았고, 영국과 미국은 암호 전쟁에서 공동으로 보조를 맞추게 됩니다.

일본 해군은 초기에는 진주만 기습으로 태평양 전쟁의 주도권을 쥐고 있었습니다. 미국보다 항공 모함도 전함도 많았습니다. 특히 미국은 영국과 함께 대서양 전선에 많은 함정을 보내고 있었기 때문에 태평양 전쟁에 집중할 수 없었습니다. 미국이 암호 전쟁을 통해 전세를 일거에 뒤집은 전투는 미드웨이 해전입니다.

미 해군 정보국은 일본의 무전을 도청하면서 일본 해군의 다음 공격 목표가 'AF'라는 것을 알아냈지만, 암호였기 때문에 실제 지명은 확실히 알 수 없었습니다. 하지만 미 해군은 일본군의 암호를 거의 해독하고 있었습니다.

미 해군은 'AF'가 미드웨이인지 확인하기 위해 위장 작전을 짭니다. 미드웨이에서 하와이에 있는 미 해군 태평양 사령부에 "미드웨이 급수 탱크 고장 식수 부족 수리 요청"이라는 무전을 보냅니다. 얼마 후 일본 해군은 "AF 식수 부족"이라는 암호문을 일본군 사령부로 보냅니다. 미 해군은 'AF'가 미드웨이라는 사실을 바로 알게 되었지요. 공격 목표와 시간을 해독한 미 해군은 매복해 있다가 접근하는 일본 해군에게 치명적인 타격을 입히고 태평양 전쟁의 주도권을 찾아옵니다.

일본의 암호를 해독한 미국은 독특한 방법으로 암호를 사용하고 지켰습니다. 미군은 암호 체계 개발이 아니라 독특한 언어 체계를 가진 나바호족 원주민을 활용했습니다. 같은 편은 편리하게 사용하고, 다른 편은 정보에 접근하지 못하게 하는 암호의 사

용 원리에 적합한 암호 활용 방법이었습니다. 나바호족은 아메리카 내륙에 사는 원주민으로, 외부에 잘 알려지지 않은 부족입니다. 나바호족의 언어 체계는 유사 언어를 찾기 힘들 정도로 독특해서 외부인이 배우거나 이해하기 어렵습니다.

미군은 나바호족 원주민을 무전병으로 활용했습니다. 군사 용어를 나바호족의 일상 용어로 바꿔서 무전을 했습니다. 사실 내륙에서 살아가는 나바호 원주민에게 '항공 모함'이라는 용어가 있을 리 없습니다. 미군은 항공 모함을 '벌집'이라는 용어로 바꿔서 사용했습니다.

나바호족 언어는 외부인이 배우거나 이해하기 어렵고, 나바호족을 일본군이 데려가기도 어렵습니다. 설령 나바호족을 포섭한다고 해도 군사 용어를 일상 용어로 바꾼 단어를 알아야 하는데, 사실상 불가능합니다. 유일한 방법은 나바호족 무전병을 포로로 잡는 것뿐입니다. 그래서 미군은 나바호족 무전병을 특별히 보호했다고 합니다.

제2차 세계 대전이 끝나고 의회에서 전쟁 평가를 할 때 암호가 전쟁 종결에 큰 공헌을 한 것이 인정되어 NSA가 탄생하게 됩니다. NSA는 1952년 미국 트루먼 대통령이 만든 국방부 소속 정보기관으로, 통신 감청을 통해 정보를 얻고 분석하며 암호를 해독하는 일을 전문적으로 수행합니다.

보안 장치

바코드와 QR코드

바코드는 상품의 포장이나 꼬리표에 표시된 검고 흰 막대기를 조합해 만든 코드 번호입니다. 상품에 코드 번호를 부여하면 효율적으로 관리할 수 있습니다. 상품의 바코드를 찍으면 판매 개수와 재고를 알 수 있어서 부족한 물품을 일일이 세거나 찾지 않아도 됩니다.

바코드는 열세 자리 숫자로 만들어집니다. 처음 세 자리는 국가를 표시하는데, '880'은 대한민국을 나타냅니다. 네 번째 자리부터 열두 번째 자리는 생산자 번호 + 상품 번호입니다. 그리고 마지막 열세 번째 자리는 체크섬입니다. 체크섬은 바코드 스캐너가 상품 번호를 읽었을 때 제대로 읽어 들였는지 확인하는 한 자리 숫자를 뜻합니다.

바코드(왼쪽)와 QR코드(오른쪽)

빠른 인식이라는 뜻의 QR Quick Response 코드는 바코드가 한층 진화된 코드 체계입니다. 바코드에는 상품명이나 제조사 등의 정보만 기록할 수 있지만, QR코드는 엄청난 정보를 기록할 수 있습니다. 따라서 바코드는 주로 계산이나 재고 관리, 상품 확인을 위해 사용하지만, QR코드는 마케팅이나 홍보, PR 수단 등으로도 널리 사용하고 있습니다.

RSA 보안 및 인증 시스템

'RSA'는 로널드 리베스트와 아디 샤미르, 레너드 애들먼이 1978년 개발한 알고리즘입니다. RSA는 이들의 머리글자를 따서 만든 이름입니다. RSA는 인터넷 암호화와 인증이 가능해 전자 상거래에 널리 사용되고 있습니다.

RSA는 큰 소수를 소인수 분해하는 것이 어렵다는 사실에 근거해 만들어졌습니다. RSA는 공개 키public key와 개인 키private key 2개를 사용합니다. 공개 키는 모두에게 알려져 있으며, 메시지 원문을 암호화하는 데 사용합니다. 그리고 암호화된 메시지는 개인 키를 가지고 있는 사람만이 복호화할 수 있습니다. 좀 더 자세히 살펴볼까요?

먼저 소수는 1과 자기 자신 이외에는 약수가 없는 수입니다. A는 89, B는 97입니다. A와 B는 가장 큰 두 자

> **복호화**
>
> 암호화의 반대 과정으로, 암호화된 자료를 원상태로 되돌리는 작업을 암호 해독 또는 복호화라고 한다.

리 소수들입니다. A와 B는 소수이므로 소인수 분해되지 않습니다. 그리고 A와 B를 곱한 C는 8633입니다. C는 A와 B로만 소인수 분해할 수 있습니다. 8633 = 89 × 97이므로 A를 알고 있으면 C를 A로 나누어 다른 소인수 B를 쉽게 구할 수 있지만, A를 모른다면 B를 구하는 것은 무척 어렵습니다. 두 자릿수 소수는 쉽게 소인수 분해를 할 수 있지만, 만약 200자릿수 소수라면 현

재의 슈퍼컴퓨터를 사용해도 몇억 년이 걸립니다. 사실 불가능하다고 봐야겠지요.

현재 소수의 발생 빈도 패턴을 찾는 작업이 진행 중이라고 합니다. 만약 이 패턴을 발견한다면 큰 소수를 찾는 게 쉬워지고 RSA 시스템은 쓸모가 없어지겠지만 아직은 은행 거래를 할 때 전자 서명이 도용될까 봐 걱정하지 않아도 됩니다.

10강

게임 이론
경제학과 수학의 결합

게임 이론은 상호 의존적이고 이성적인 의사 결정을 수학적으로 분석하는 이론입니다. 개인이나 기업이 어떤 결정을 할 때 그 결과가 경쟁자가 어떤 결정을 하느냐에 따라 내 선택이 큰 영향을 받는 것이 게임 이론입니다. 상대방의 의사 결정이 나의 의사 결정에 중요한 영향을 끼치는 경제학과 수학이 결합한 20세기 융합 학문이라고 할 수 있습니다.

선형 계획법

이익을 최대로 확보하려는 경제학적 관점과 최댓값 또는 최솟값을 구하는 수학적 기법을 결합한 것이 선형 계획법입니다. 이는 제한된 자원인력, 자재, 시간을 효율적으로 분배해서 최대의 생산과 효율을 얻을 수 있는 의사 결정 방법으로, 제2차 세계 대전에서 전쟁 물자를 분배 수송하는 과정에 적용하기 시작했습니다.

전쟁에서 전투는 중대 또는 대대 단위로 진행됩니다. 유능한 지휘관과 잘 훈련된 병사, 그리고 좋은 무기와 보급품이 있으면 전투에서 이길 수 있습니다. 이런 전투의 승패와는 달리 전쟁의 승패는 많은 자원을 어떻게 효율적으로 관리하고 분배하느냐에 달려 있습니다. 병사, 장교, 장군 같은 인적 자원과 무기와 탄약, 식량과 연료 같은 물적 자원을 잘 배치해야 합니다. 전투는 잘 훈련된 병사와 지휘관이 있으면 이길 수 있지만, 전쟁의 승패를 결정짓는 것은 병참 능력입니다.

제2차 세계 대전이 발발했을 때 유럽 전선에서만 수백만의 인원이 동원되어 전쟁을 치렀습니다. 그리고 유럽 서부 전선의 병참 대부분을 담당했던 미군은 병참 자원을 효율적으로 분배해야 했습

> **병참**
> 군사 작전에 필요한 인원과 물자를 관리, 보급, 지원하는 일.

빵 가게에서 빵을 만들어 판매합니다. 주어진 재료를 사용해서 이익을 최대로 만들려면 어떤 빵을 몇 개 만들어 판매해야 할까요?

① 초코파이 1개를 만들려면 밀가루 40그램과 초콜릿 60그램이 필요하다.

② 초코 빵 1개를 만들려면 밀가루 80그램과 초콜릿 20그램이 필요하다.

③ 초코파이는 이익이 1000원 남고, 초코 빵은 이익이 600원이 남는다.

④ 현재 밀가루 1600그램과 초콜릿 800그램이 있고, 재료를 더 주문하지는 않는다.

초코파이를 x개 만들고 초코 빵을 y개 만든다고 생각합니다.

① $40x + 80y \leq 1600$ ② $60x + 20y \leq 800$

③ $1000x + 600y = $ ㄴ(이익의 최댓값)   ④ $x, y \geq 0(x, y$는 자연수)

1차식은 그래프에서 모두 직선으로 나타납니다.

①, ②는 부등식이라 직선의 아랫부분을 나타냅니다.

③은 교점 (8, 16)을 지나는 직선을 나타냅니다.

최댓값 ㄴ은 ①, ②를 공통으로 만족하는 부분 중 원점에서 가장 먼 지점을 찾아서 자연수의 값을 구하면 됩니다. ①, ② 두 직선의 교점을 직선 ③이 지날 때 이익의 최댓값을 가지게 됩니다.

$x = 8$, $y = 16$일 때 최댓값을 가질 수 있습니다.

초코파이 8개를 만들고 초코 빵 16개를 만들면 1만 7600원의 최대 이익을 얻을 수 있습니다.

ㄴ = 1000 X 8 + 600 X 16 = 17600

니다. 막대한 무기와 탄약, 식량, 연료를 각 야전군이 있는 곳에 원하는 시간까지 보내 주어야 했지요. 물자를 분배, 수송하기 위해 수학적 기법을 동원해 최적의 해법을 찾아낸 것이 선형 계획법입니다.

제2차 세계 대전에서 발전된 선형 계획법은 이후 민간 기업에서도 사용하게 됩니다. 생산 일정, 재고 계획, 신제품 개발과 시장 출시, 제품 수송과 투자 계획 등 생산 관리 전 부문에서 선형 계획법이 활용되었습니다.

수학과 경제학이 만나서 최적의 해를 구하는 방법이 바로 선형 계획법입니다.

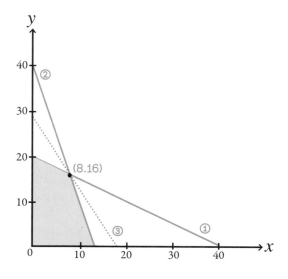

워 게임

　　　　워 게임은 합리적인 전략 결정 훈련을 위해 미 육군에서 사용하던 전쟁 시뮬레이션 프로그램입니다. 제2차 세계 대전 중에 게임 이론을 도입하면서 워 게임 이론의 기초가 완성되었습니다.

　사전에 약속된 자원과 제약 사항을 주고 전투의 진행 과정에서 지휘관의 판단과 그 판단에 따른 결과를 컴퓨터가 예상하면 전투의 결과도 예측할 수 있었습니다. 지휘관의 전투 지휘 능력 향상과 평가를 위해 만들어졌으며, 오늘날에는 전자오락 형태나 기업의 비즈니스 전략 훈련용 시뮬레이션 게임으로 사용하고 있습니다.

　컴퓨터 사용 이전에는 워 게임을 '도상 모의 전투 훈련'이라고 했습니다. 촘촘하고 정밀한 격자판 지도 위에 탱크, 대포, 공수 부대, 보병 부대의 전투력을 갖춘 요소들을 수학적으로 수치화해서 올려놓고 전투 장면을 시뮬레이션했습니다. 현대적 워 게임의 시초는 1780년 독일 헬름슈테트대학의 헬비히 교수가 만들었습니다. 이 워 게임은 군과 민간에서 광범위하게 사용되었으며, 다른 버전들도 만들어졌습니다.

　1824년 프로이센의 라이스비츠가 크릭스슈필Kriegsspiel을 만들었습니다. 축척 1:8000 프로이센 군용 지도에 실제 군 편제에 기

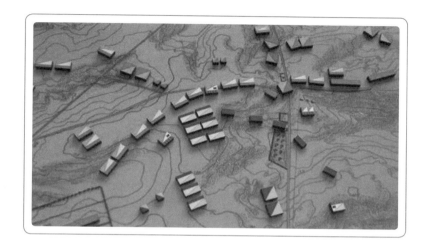

반한 다양한 병종이 등장하고 복잡한 룰을 갖춘 명령서를 작성해 통제관에게 제출하면 양쪽의 전투 명령서를 비교 분석해서 결과를 도출하는 진정한 의미의 워 게임이 시작되었습니다.

프로이센 왕실과 군에서 즉각 크릭스슈필을 사용했고, 이후 프로이센군 장교 교육용 교보재로 보급되었습니다. 크릭스슈필의 가상 전투 결과는 실제 전투 결과와 매우 유사하게 전개될 만큼 정확도가 높았다고 합니다.

크릭스슈필이 유명해진 결정적 계기는 프로이센과 프랑스와의 전쟁이었습니다. 이 전쟁에서 프로이센군이 크게 이기는 데 워 게임의 역할이 컸다는 게 알려지면서 세계 각국의 군 관계자들은 프로이센의 장교 육성 과정과 워 게임에 주목했고, 앞다투어 장교 교육용 과목으로 워 게임을 도입했습니다.

워 게임은 태평양 전쟁에서도 전투 결과를 정확하게 예측하는 경우가 많았습니다. 일본 해군은 미드웨이 해전에 앞서 모의 전투 훈련을 했습니다. 모의 전투 훈련 결과는 "미드웨이를 공격하는 일본 해군을 미 해군이 기습해 일본 항공 모함 3척이 침몰하고, 작전에 실패한다."였습니다. 그러나 일본 해군 지휘관들은 워 게임 모의 전투 훈련 결과 자료를 신뢰하지 않고, 미드웨이를 공격했습니다. 그 결과로 미드웨이 해전 1차 전투에서 일본의 항공 모함 3척이 침몰하고, 후방에 있던 항공 모함 1척마저 무리하게 공격을 감행하다가 침몰했습니다. 결국 일본 해군은 큰 타격만 입고 퇴각을 하게 됩니다. 사전에 실시한 모의 전투 훈련 결과와 거의 일치하는 실제 전투가 벌어진 것입니다.

1950년대에는 컴퓨터를 활용한 워 게임이 등장했습니다. 실제 쌍방 기동 훈련을 하려면 막대한 시간과 비용이 소요됩니다. 그렇지만 도상 모의 전투 훈련이나 컴퓨터 워 게임으로 진행하면 실제 기동 훈련과 같은 전투 결과를 얻으면서도 비용과 시간을 절감할 수 있습니다.

민간에서 사용되는 워 게임은 처음에는 지도와 말판을 이용한 보드게임 형태로 만들어졌습니다. 컴퓨터의 도움 없이는 전략적 판단의 성패 여부를 즉각 알기 어렵기 때문에 보드게임 방식으로 만들게 된 것이지요. 그러나 20세기 후반부터 개인용 컴퓨터가 개발, 보급되면서 전략 시뮬레이션 게임이 등장하게 됩니다. 자원을 채굴, 육성하고 이를 바탕으로 실시간 전쟁을 진행하는 방식의 게임에 많은 사람이 관심을 가지기 시작합니다. 처음에는 〈스타크래프트〉, 〈워크래프트〉와 같은 전략 게임이 등장했고, 이후 '문명' 시리즈가 등장해 전략 시뮬레이션 게임이 크게 인기를 끌었습니다.

죄수의 딜레마

죄수의 딜레마는 미시 경제학에서 시작되었지만, 경제학뿐만 아니라 정치학, 경영학, 생태학과 같이 문과와 이과 어느 쪽에서나 합리적 설명을 할 수 있습니다. 그리고 상대방에 대한 정보 없이 결정을 내려야 한다는 점에서 국제 정치학에서도 죄수의 딜레마가 등장하게 됩니다. 냉전 시대의 군비 경쟁을 죄수의 딜레마 모형으로 설명하는 것도 대표적인 예가 될 수 있습니다.

집단행동을 예측할 때 "개인의 최선 행동의 합이 사회적 최선과 일치하지 않는다면 사회적 최선을 이끌어 내기 위해 개인의

◇◇ ～～～～～～～ 죄수의 딜레마 ～～～～～～～ ◇◇

경찰은 공범으로 의심되는 용의자 두 명을 따로따로 조사실로 불러 자백을 유도합니다. 용의자들은 서로 의사소통을 할 수 없는 상태입니다.

- 둘 다 자백하지 않으면 중요한 범죄 증거가 없으므로 가벼운 처벌만 할 수 있어서 둘 다 징역 1년을 선고받습니다.
- 둘 다 자백하면 중요 범죄를 인정하는 것이기에 둘 다 징역 3년을 선고받습니다.
- 둘 중 한 명이 자백하고 다른 한 명이 자백하지 않으면 자백한 범인은 수사에 협조했으므로 석방하고 자백하지 않은 범인은 가중 처벌을 받아 징역 10년을 선고받습니다.

	상대의 자백	상대의 침묵
자신의 자백	자신, 상대 모두 3년	자신 석방, 상대 10년
자신의 침묵	자신 10년, 상대 석방	자신, 상대 모두 1년

이런 상황에서 범인은 범행을 자백하는 것이 이득일까요, 아니면 부인하는 것이 이득일까요?

양보를 어떻게 유도해야 할까?"와 같은 사회적 질문을 던지기도 합니다.

두 용의자가 각자 자신을 위해 행동한다면 상대방이 어떤 행동을 취하든 자신이 자백하는 것이 유리하므로 각자 자백해서 모두 징역 3년을 선고받습니다. 두 용의자가 침묵을 지키면 모두 징역 1년을 선고받을 가능성이 있지만, 서로를 믿지 못하기 때문에 가능성이 크지 않습니다. 오히려 나는 모두 징역 1년을 선고받기 위해 침묵을 지켰지만, 상대방이 자백해서 나만 징역 10년을 선고받을 수도 있습니다. 두 용의자가 상대방을 믿고 둘 다 침묵을 지키는 것이 최선의 선택이지만, 실제로 그렇게 될 가능성은 희박합니다.

죄수의 딜레마는 상당한 논란을 불러일으켰습니다. 이 이론으로 애덤 스미스의 자유방임주의와 보이지 않는 손이 서로 다른 평가를 받습니다. "모두가 자신의 이익을 위해 노력하면 사회는 자연스럽게 발전한다."라는 논리가 맞지 않을 수도 있고, 개개인의 이익 총합과 사회의 이익이 일치하지 않을 수도 있기 때문입니다. 죄수의 딜레마에서 개인의 이익은 각 3년을 선고받으니 총 6년이 되지만, 전체의 이익은 각 1년을 받으니 총 2년이 됩니다. 이는 개인의 이익과 사회의 이익이 일치하지 않을 수 있음을 보여 줍니다.

처음 죄수의 딜레마가 제시되었을 때 사람들은 '두 사람이 저 조건을 바탕으로 협상을 하면 쉽게 문제가 풀릴 수 있다.'라고 생각했습니다. 그렇지만 실제로는 그렇게 진행되지 않는다는 것을 확인할 수 있었습니다. 두 용의자가 모두 자백하지 않고 침묵을 지키기로 약속했다면 '상대방이 자백하지 않는다는 것을 확정해 놓고 있으므로 나만 자백해서 석방되는 것'을 노리게 됩니다. 결국 두 사람 모두 서로를 배신하고 자백하기에 이릅니다.

죄수의 딜레마는 국가 간의 다자 조약이나 환경 문제 해결에서 드러나기도 합니다. 개별 국가들은 구속력 있는 협정이 맺어지지 않는 한 환경 문제에 충분한 노력과 비용을 투여하지 않습니다. 그리고 이에 따른 피해는 지구 전체적으로 나타납니다. 환경 문제에 앞장서서 비용을 지불하는 것이 공통의 이익으로 돌아오지 않기 때문입니다.

치킨 게임과 핵전쟁

치킨 게임은 게임 이론 모델 중 하나로, '겁쟁이 게임'이라고도 합니다. 이해관계가 대립하는 두 집단 중 한쪽에서 먼저 포기하면 겁쟁이가 되면서 약간 손해를 보고 말지만, 어느 한쪽도 포기하지 않으면 양쪽 모두 최악의 상황에 처하게 된다는 게임 이론이지요.

치킨 게임은 가상 사고 게임에서 시작되었습니다. 두 사람이

각자 자동차를 타고 서로에게 돌진하는데 누군가 먼저 겁을 먹고 핸들을 돌려 피하면 게임에서 지게 되고, 만약 두 사람 모두 핸들을 돌리지 않으면 자동차가 충돌해서 양쪽 모두 죽습니다. 이 용어는 제2차 세계 대전 이후 미국과 소련 간의 군비 경쟁을 빗대는 데 사용되었습니다.

쿠바 미사일 위기는 1962년 미국의 첩보기 U-2가 쿠바에 건설 중인 소련의 핵미사일 기지 사진과 건설 현장으로 부품을 운반 중이던 선박 사진을 촬영하면서 시작되었습니다. 미국은 자국의 코앞에 있는 쿠바에 핵미사일 기지를 건설하는 것은 미국에 대한 무력시위라고 주장했습니다. 그리고 만약 핵미사일 기지가 완공된다면 미국에 대한 선전 포고로 받아들여 제3차 세계 대전도 불사하겠다는 공식 성명을 발표합니다. 케네디 대통령의 강력한 발언에 국민들은 정말 핵전쟁이 일어날 수도 있다고 생각했고, 대피 훈련을 하거나 방공호를 만들기도 했습니다.

　그러나 전쟁을 불사하겠다는 공식 발표와는 달리 미국과 소련의 치열한 외교 협상에 따라 소련은 쿠바 핵미사일 기지 건설을 중지했고, 미국은 터키에 있던 핵미사일을 철수하기로 합의했습니다. 그리고 케네디 대통령은 앞으로도 쿠바를 침공하지 않겠다는 약속을 했습니다. 제3차 세계 대전으로 번질 수 있었던 미국과 소련의 대립이 치열한 외교 협상 덕분에 치킨 게임으로 번지지는 않았습니다.

　'상호 확증 파괴'는 20세기 냉전 시기에 만들어진 용어로, 한쪽이 선제 핵 공격을 했을 때 다른 쪽에서 보복 핵 공격을 할 수 있다면 공격하는 쪽과 방어하는 쪽 모두 심각한 타격을 받기 때문에 섣부르게 핵전쟁을 일으키지 못한다는 개념입니다. 상호 확증 파괴는 양쪽이 핵무기를 보유했다고 해서 성립되는 것이 아니라 양쪽 모두에게 확실한 2차 타격 능력이 있어야 합니다. 즉, 적에게 핵무기 선제공격을 당해도 살아남은 핵무기로 보복 공격을 가해 적을 초토화할 수 있는 능력이 있는가에 달려 있습니다.

　이를 위해서는 상대방보다 핵무기를 월등하게 많이 갖추거나 상대의 핵 공격에서 아군의 핵무기를 효과적으로 보호할 수 있어야 합니다. 미소 양 진영은 정찰 위성과 첩보전으로 상대방의 핵 기지 위치를 확인해서 공격할 수는 있지만 드넓은 바닷속에

만재 배수량 4만 톤급 러시아 전략 핵 잠수함

숨어 있는 원자력 잠수함을 찾아낼 수는 없었습니다. 전략 핵무기를 대량으로 탑재한 원자력 잠수함은 단 1척만으로도 상대를 무너뜨릴 만한 능력이 있었습니다. 미국과 소련 모두 원자력 잠수함을 운용하고 있었지만, 1차 핵 공격으로 원자력 잠수함을 모두 파괴할 수 없음을 잘 알고 있었기 때문에 실질적으로는 핵 억제를 가져다주는 무기가 됩니다. 가장 강력한 핵무기가 아이러니하게도 핵전쟁을 막아 주는 역할을 해 주었습니다.

비즈니스 분야에서도 치킨 게임이 발생합니다. 대표적인 치킨 게임으로 메모리 반도체 분야의 A사와 B사의 경쟁을 들 수 있습니다. A사는 마진을 극단적으로 줄이는 것도 모자라 손해를 보면서까지 시장 점유율을 높이는 방법을 사용합니다. 저가 정책으로 공격하는 A사의 마케팅 전략에 계속되는 손해를 감당하기 어려웠던 B사는 더 버티지 못하고 반도체 시장에서 철수합니다. 반도체 시장에서 독점적 점유율을 확보한 A사는 다시 반도체 가격을 올려서 그동안의 손해를 만회합니다.

게임 이론은 수학에서 출발했습니다. 게임이 전개되는 상황을 수식으로 나타내고 1980년대 이후 경제 현상을 설명하는 데 수학에 바탕을 둔 게임 이론이 동원됩니다. 게임 이론이 각광을 받는 이유는 어떤 전략이 필요한 상황인지를 게임 이론을 통해 설명할 수 있고, 합리적 판단을 수치화해서 객관적으로 설명할 수 있기 때문입니다.

게임 이론은 학계에서도 광범위하게 연구가 진행되고 있습니다. 경제학에서는 이미 독립된 분야로 커리큘럼에 포함되어 있고, MBA 경영 전문 대학원나 로스쿨에서도 게임 이론을 가르치고 있습니다. 게임 이론은 또한 사회학과 생물학에도 영향을 끼치고 있습니다. 현대 사회에서는 누구든 가정과 사회에서 사람들과 부딪치면서 살아가고 있습니다. 게임 이론은 이 상황에서 어떤 결정을 내려야 할지 해답을 제시해 줄 수 있습니다. 학자들은 앞으로 게임 이론이 더욱 발전할 것이라고 이야기합니다. 사회의 행동 양식을 분석하고 전망을 하는 데 게임 이론의 쓰임새가 더 많아질 것으로 예측하기 때문입니다.

11강

컴퓨터와 인공 지능

스스로 학습하는 인공 지능

주판에서 시작된 계산 기계는 암호 해독을 위해 개발된 콜로서스를 시작으로 '프로그래밍이 가능한 전자식 계산 기계'로 발전합니다. 컴퓨터가 슈퍼컴퓨터와 개인용 컴퓨터로 발전하면서 사람이 제시한 프로그램만 시행하는 것이 아니라 스스로 학습해서 진화하는 인공 지능으로 발전하고 있습니다. 경우의 수가 너무 많아서 결코 컴퓨터가 사람을 이길 수 없다고 생각했던 바둑에서 인공 지능 프로그램 알파고가 사람을 이깁니다. 이제 인공 지능은 현실이 되었습니다. 인공 지능의 수학적 원리와 빅 데이터 그리고 블록체인의 원리에 대해 알아보도록 하겠습니다.

컴퓨터의 발전과 기본 원리

주판은 계산하는 도구로 가장 먼저 만들어진 기계입니다. 기원전 3000년경 고대 메소포타미아에서 사용되었다고 알려져 있습니다.

16세기까지 주판 외에 특별한 도구가 만들어지지 않았지만, 1642년 프랑스 철학자이자 수학자인 파스칼이 최초로 수동 계산기를 고안했습니다. 톱니바퀴를 이용한 수동 계산기는 기어로 연결된 바퀴 판들로 덧셈과 뺄셈을 할 수 있었습니다.

1671년 독일의 라이프니츠는 파스칼의 수동 계산기를 개량해 곱셈과 나눗셈이 가능한 계산기를 발명했습니다. 또한 라이프니츠는 기계 장치에 적합한 진법을 연구했고, 그 결과로 이진법을 만들었습니다. 이진법은 1과 0만을 배열해서 모든 숫자를 표기할 수 있습니다.

영국 수학자 찰스 배비지는 자동 계산기, 즉 '프로그램이 가능한 컴퓨터'를 구상한 최초의 인물입니다. 1823년 다항 함수를 기계적으로 계산할 수 있는 차분 기관을 만들었고, 1830년대에는 방정식을 순차적으로 풀 수 있도록 고안된 해석 기관을 설계했습니다.

> **차분 기관**
> 다항 함수를 계산할 수 있는 기계식 디지털 계산기.

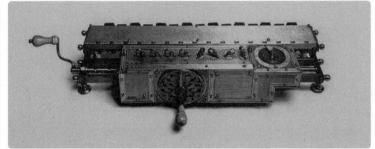

파스칼 계산기(위)와 라이프니츠 계산기(아래)

자동 계산기가 갖추고 있는 요소

① 수를 저장하는 기억 장치

② 계산하는 연산 장치

③ 기계의 동작을 제어하는 장치

④ 입력 장치와 출력 장치

라이프니츠는 기계적 계산을 하려면 십진법보다 이진법이 편리하다는 것을 알았습니다. 컴퓨터는 모든 해석을 1과 0, 이 두 가지로 합니다. 1은 '참' 또는 '있다'. 0은 '거짓' 또는 '없다'로 해석합니다. 이진법은 간단하지만, 병렬로 연결하면 큰 수를 표현할 수 있습니다. 그리고 참 또는 거짓으로 판단하기 때문에 논리 조립이 쉬워서 컴퓨터에 사용되고 있습니다.

6자리 이진수는 0부터 63까지 나타낼 수 있습니다. 63개의 수를 문자와 숫자, 그리고 저장 장치, 계산 장치, 제어 장치, 입출력 장치에 기호로 배당하면 컴퓨터는 숫자를 문자나 저장, 연산, 제어, 입출력 기호로 인식합니다.

6자리 이진수를 다음과 같이 대응할 수 있습니다.

1~26: A에서 Z까지 문자를 대응합니다.

27~36: 0에서 9까지 숫자를 대응합니다.

37~63: 연산 기호, 저장 및 제어, 입출력 장치에 알맞은 수를 대응합니다.

예를 들어 3 + 6 = 9를 컴퓨터로 계산할 때 모든 수와 명령어를 이진법의 수로 만들어 주면 컴퓨터가 이를 인식해 계산해 냅니다. 명령어를 컴퓨터 용어가 아닌 일반 용어로 설명해 보겠습니다.

① A에 3을 저장합니다.   (A) (저장) (3)

② B에 6을 저장합니다.   (B) (저장) (6)

③ 계산 장치에 A와 B를 불러옵니다.   (불러옴) (A) (불러옴) (B)

④ 계산 장치에서 A와 B를 더해 줍니다.   (계산 장치 더하기) (A) (B)

⑤ A와 B를 더한 값 9를 출력해 줍니다.   (출력) (9)

5개 과정을 전부 이진법의 수로 입력하면 컴퓨터가 이를 인식해서 저장, 연산, 제어, 작동, 입출력을 할 수 있습니다. 3과 6의 합을 계산하는 것은 간단하지만, 이보다 더 어렵고 복잡한 계산도 기본 원리는 같습니다.

찰스 배비지의 자동 계산기는 오늘날 사용하는 자동 컴퓨터의 모든 기본 요소를 갖추고 있었습니다. 그러나 당시에는 기계 부품 제작 기술에 한계가 있어서 실물로 제작하지는 못했습니다.

현대적인 의미의 컴퓨터는 제2차 세계 대전 속에서 탄생합니다. 전자 회로가 기계식 연산 장치를 대체하고 디지털 회로가 아날로그 회로를 대체하면서 성능이 비약적으로 발전합니다. 긴 전쟁을 치르면서 자국의 작전을 적에게 들키지 않도록 암호화해 전달하는 것, 그리고 적국의 암호를 빠르게 해독하는 것이 중요했습니다. 이는 전자식 계산기와 컴퓨터의 발달로 이어졌습니다.

제2차 세계 대전 기간에 영국은 독일의 군사 암호를 해독하는 데 성공했습니다. 독일 암호화 타자기 에니그마 암호를 해독하기 위해 전자 기계식 계산기 봄베를 만들었습니다. 또한 독일 암호화 타자기 로렌츠 암호를 해독하기 위해 콜로서스 컴퓨터를 설계했습니다.

콜로서스는 프로그래밍이 가능한 세계 최초 전자식 컴퓨터였습니다. 총 10대가 제작되었으나 군사 기밀로 분류되어 1970년대까지 컴퓨터의 역사에 이름을 올리지 못했습니다. 그러나 이후 콜로서스가 외부에 모습을 드러내면서 최초의 컴퓨터로 인정을 받았고, 현재 원래 모습으로 복원한 콜로서스 한 대가 블레츨

리 파크에 전시되어 있습니다.

1945년에는 노이만이 기억 장치에 컴퓨터의 명령이나 데이터를 모두 기억시키는 프로그램 내장 방식의 컴퓨터를 구상했습니다. 1949년 영국 케임브리지대학교에서 세계 최초로 프로그램 내장 방식의 에드삭EDSAC을 개발했고, 반도체와 전자 기술의 발달로 컴퓨터 크기는 점점 작아지고 연산 속도는 점점 빨라지게 됩니다.

컴퓨터는 제1세대인 진공관, 제2세대인 트랜지스터, 제3세대인 IC, 제4세대인 초LSI로 발전하면서 대략 10년마다 집적도를

2배로 높여 고속화·대용량화되어 슈퍼컴퓨터가 출현하게 됩니다. 초LSI의 출현으로 하드웨어의 대폭적인 원가 절감이 가능해지고, 1980년대 IBM에서 개인용 컴퓨터를 내놓은 이후 PC 보급이 빠르게 이루어지기 시작합니다.

튜링 테스트

처음 주판이 만들어졌을 때 많은 도움을 받았지만, 그래도 계산의 주체는 인간이었습니다. 파스칼과 라이프니츠의 계산기 역시 계산의 주체는 인간이었지요. 그렇지만 프로그램된 연산을 스스로 수행하는 봄베나 콜로서스를 보면 계산의 주체가 인간이 아니라 컴퓨터일 수도 있겠다고 생각하게 됩니다.

컴퓨터는 인간들이 오랜 시간, 힘들게 계산해 내는 많은 문제를 수월하게 해냈습니다. 프로그램만 주어지면 그 어떤 것도 잘해냈고요. 그러다 보니 컴퓨터가 인간이 준 프로그램만 수행하는 것이 아니라 스스로 프로그램을 만들어서 수행할 수 있지 않을까 하는 생각을 자연스럽게 하게 되었습니다. 여기서부터 인공 지능에 관한 논의를 시작하게 됩니다.

　영국 수학자 앨런 튜링이 제안한 인공 지능 판별법을 튜링 테스트라고 합니다. 튜링은 1950년 논문 〈계산 기계와 지성〉을 통해 기계가 사람처럼 생각할 수 있다는 의견을 제출했습니다. 그는 이 논문에서 컴퓨터와 인간에게 같은 질문을 하고, 답변을 받았다고 할 때 컴퓨터의 답변과 인간의 답변을 구별할 수 없다면 해당 컴퓨터는 사고할 수 있는 것으로 간주해야 한다고 주장했습니다. 물론 당시에는 사고하는 컴퓨터를 만드는 게 불가능하다는 것을 튜링도 알고 있었어요. 하지만 50년 뒤에는 스스로 배우고, 프로그램을 바꾸는 컴퓨터가 나올 거라고 예측했습니다. 튜링의 견해는 인공 지능, 즉 AI Artificial Intelligence 의 개념적 기반을 제공했고, 튜링 테스트는 인공 지능을 판별하는 기준이 되었습니다.

영국 레딩대학교가 개발한 컴퓨터 프로그램 '유진 구스트만'이 2014년 6월 영국왕립학회가 실시한 튜링 테스트에 처음으로 통과했습니다. 우크라이나 국적의 13세 소년으로 설정된 '유진'과 심사 위원 25명이 대화를 나눴는데, 심사 위원의 33퍼센트가 유진을 인간이라고 생각했습니다. 그렇지만 대화 도중 유진이 엉뚱한 대답을 하기도 해서 진정한 인공 지능으로 인정하기 어렵다는 주장도 있었습니다. 그리고 1950년대에 제안된 오래된 개념의 '튜링 테스트'는 사람처럼 종합적으로 생각하고 판단하는 진정한 인공 지능의 판별로는 부족하다는 의견도 많아졌습니다.

한편 1990년 미국의 발명가 뢰브너가 케임브리지 행동연구센터와 공동으로 제정한 뢰브너상은 튜링 테스트를 기반으로 합니다. 이 상은 해마다 튜링 테스트 경진 대회를 개최해서 심사 위원들이 '채팅 로봇'이라는 채팅 프로그램과 대화를 나누는 방식으로 진행됩니다. 인간과 구별할 수 없는 최초의 컴퓨터에 금메달과 10만 달러의 상금을 수여하기로 했지만, 아직 수상 컴퓨터가 나오지 않았습니다. 대신 해마다 대회에 참가한 컴퓨터 중에서 가장 높은 점수를 받은 컴퓨터에 동메달과 상금 3000달러를 수여하고 있습니다.

인공 지능과 알파고

인공 지능에서 사용하는 용어를 정리해 보면 다음과 같습니다.

- **기계 학습**: 기본 규칙만 주어진 상태에서 입력받은 정보를 활용해 스스로 학습합니다.
- **인공 신경망**: 인간 뇌의 신경 세포뉴런 구조를 본떠 만든 기계 학습 모델
- **딥 러닝**: 사람의 사고방식을 컴퓨터에 가르치는 기계 학습의 한 분야. 함수 관계에 있는 X, Y가 있지만, X로부터 Y를 예측할 수 있는 모델이 없을 때 인공 신경망 이용 모델을 세우고 지속해서 수정해 Y에 접근하는 통계학적 회귀 분석 모델을 활용합니다. 페이스북의 딥 러닝 기반 얼굴 인식 프로그램 딥페이스Ddeepface의 인식률은 97퍼센트를 나타냅니다.
- **강 인공 지능**: 인간의 사고 작용을 완벽하게 모방한 인공 지능
- **약 인공 지능**: 유용한 도구로서 설계된 인공 지능. 특정 분야와 목적을 위한 인공 지능(일기 예보, 영상 의학 분석)
- **지도 학습**: 전문가에게 지도를 받아서 학습합니다.
- **자가 학습**: 전문가 도움 없이 스스로 학습합니다.

컴퓨터가 발달하면서 사람들은 '컴퓨터도 인간처럼 생각하고 학습하고 판단하여 스스로 행동할 수 있지 않을까?' 생각하게 됩니다. 이러한 생각이 많은 과학자가 인공 지능을 탐구하고 연구하게 된 출발점이었습니다.

20세기 중반에는 자연어 처리나 복잡한 수학 문제를 해결하는 것을 과제로 생각했고, 20세기 후반에는 '문제 해결'을 중심으로 일기 예보, 주가 분석, 의료 영상 분석 및 진단, 바둑과 게임 프로그램으로 인공 지능 연구가 집중되고 성과를 내기 시작합니다. 2000년대 이후 딥 러닝 연구 발표가 이루어지고 컴퓨터의 자가 학습이 가능해지면서 몇몇 전문 분야에서는 인간의 수준을 뛰어넘는 결과물이 나타나고 있습니다.

1990년대에는 컴퓨터가 인간의 체스 실력을 추월했고, 2010년대에는 알파고가 인간 바둑 최고수를 뛰어넘었으며, 얼굴 인식 프로그램의 인식률도 크게 높아져 컴퓨터가 사람보다 사물과 얼굴을 더 잘 인식하는 결과를 보이고 있습니다.

현재 대상 영역이 좁은 약 인공 지능Weak AI 분야에서는 인공 지능 연구의 발전 속도가 빠르지만, 인간의 사고 작용을 분석하는 강 인공 지능Strong AI 분야는 아직 초보 수준이라고 할 수 있습니다. 2010년대에 많은 사람의 관심을 끌었던 알파고와 인간의 대국을 분석하면서 인공 지능을 살펴보겠습니다.

경우의 수

서양 장기인 체스는 1997년에 이미 컴퓨터에 졌지만, 바둑 프로그램은 수준이 낮아서 바둑을 어느 정도 두는 사람들은 2000년대까지 컴퓨터 바둑을 이길 수 있었습니다. 그도 그럴 것이 바둑의 경우의 수는 250의 150제곱으로 우주 전체에 존재하는 원자의 수보다 많습니다. 아무리 성능이 좋은 슈퍼컴퓨터라고 하더라도 이렇게 큰 경우의 수를 계산할 수는 없습니다. 그래서 바둑을 조금 아는 사람들은 바둑이 컴퓨터와의 대결에서 인간의 우위를 지켜 줄 유일한 분야라고 생각했습니다.

이세돌(왼쪽)과 알파고 개발자 하사비스(오른쪽)

그렇지만 알파고는 다른 방식으로 이 '경우의 수'라는 벽을 돌파합니다. 경우의 수를 모두 계산하는 것이 아니라 자가 대국으로 확보한 자료(일종의 빅 데이터)를 활용해서 이길 확률을 계산합니다.

이러한 방식은 컴퓨터 화상 인식 방법과 동일합니다. 건물의 출입구에서 사람의 얼굴을 인식하고 자료에 입력된 동일인을 찾아 일치하면 문을 열어주는 것처럼 현재의 기보와 비슷한 대국 자료를 찾아 분석하고 착점할 곳의 이길 확률을 계산해서 가장 확률이 높은 곳에 착점하게 됩니다. 우리 두뇌의 신경망과 비슷한 메커니즘이라고 할 수 있습니다. 모든 경우의 수를 일일이 계산하지 않아도 빅 데이터를 활용해서 이길 확률은 어렵지 않게 계산할 수 있습니다.

> **착점**
>
> 바둑돌이 바둑판에 닿거나 바둑돌을 잡은 손이 닿는 것.

자가 대국

알파고는 "어떻게 하면 바둑을 잘 두는가?"에 답하지 못합니다. 알파고는 단지 계산 능력을 바탕으로 이길 수 있는 확률을 계산할 뿐입니다. 기계 학습의 초기 단계에서는 사람이 패턴을 알파고에게 알려 줍니다. 컴퓨터는 기본 패턴과 패턴에서 많이 벗어나지 않는 문제는 풀 수 있습니다. 일정한 수준에 오르면 알파고는 자가 대국을 통해 기력을 향상하고 기보 내용을 빅 데이터로 저장합니다.

이세돌과의 대국에서 4승 1패를 기록한 알파고1 버전은 초기에 16만 번 이상의 지도 대국을 벌였고, 이후 100만 번 이상의 자가 대국을 하면서 기력을 향상했습니다. 커제와의 대국에서 전승을 한 알파고2 버전은 지도 대국 없이 자가 대국만으로 기력을 향상했습니다. 자가 대국으로 많은 기보를 축적하는 것은 더욱 정확하고 빠른 확률 계산을 위해 중요한 일입니다.

 알파고와 딥 러닝

컨볼루션 알고리즘: 안면 인식 알고리즘

알파고: 데이터를 찾아 승률 분석

- 바둑에서 한 수를 둘 때마다 경우의 수를 계산하는 것이 아니라 비슷한 기보를 찾아 승패를 확인해서 승률을 분석합니다.
- 사람처럼 감(확률 예상)으로 바둑을 둘 수 있습니다.
- 이 수가 몇 퍼센트 확률로 이길 수 있는지 보여 주지만 왜 이기는지는 설명하지 못합니다.

빅 데이터

빅 데이터는 기존 데이터베이스의 관리 능력을 넘어서는 대량의 정형 또는 비정형 데이터에서 가치를 추출하고 분석하는 기술입니다. 기존의 응용 소프트웨어로는 수집, 저장, 분석하기 어려울 정도로 방대한 데이터를 의미합니다. 빅 데이터 기술은 다양한 현대 사회를 정확하게 예측해서 빅 데이터가 필요한 부분에 효율적으로 작동하게 함으로써 과거에 불가능했던 기술을 실현하기도 합니다.

우리 주변에서 쉽게 찾아볼 수 있는 예로는 유튜브나 넷플릭스, 그리고 인터넷 쇼핑몰이 있습니다. 유튜브나 넷플릭스에서는 시청자가 선호하는 프로그램과 장르를 기억해서 비슷한 장르를 노출해서 계속 선택하도록 합니다. 인터넷 쇼핑몰에서도 개인이 구매한 상품을 범주, 가격대, 스타일이나 색상까지 분석해서 관심을 보이고 구매할 가능성이 큰 상품을 추가로 제안합니다. 신용 카드 회사에서는 일정 기간 소비자가 구매한 카드 품목을 분석해서 고객이 원하는 제품을 이달의 추천 할인 상품으로 소비자에게 안내합니다.

자동차 내비게이션도 빅 데이터 자료로 활용됩니다. 매일 출근하는 시간과 경로를 자료로 분석하면 특정 지점에서 다른 지

정보의 독점으로 사회를 통제하는 관리 권력과 체계에 대한 경각심을 불러일으키는 아이콘이 빅 브라더입니다. 조지 오웰의 《1984》는 전체주의적 사회를 그린 소설로, 정보 독점 시대의 부정적인 면을 부각했습니다. 정보의 독점은 사회적 약자에게 도움이 될 수 있지만, 다른 측면에서는 정보 독점 그 자체가 권력이 될 수 있다는 점을 보여 줍니다.

주민 등록 번호나 개인 정보가 관리하는 사람이나 집단의 부주의 속에 유출되는 사례는 일상에서 쉽게 만나 볼 수 있습니다. 이러한 정보 유출에도 개인은 무방비로 당하고 있고요. 이러한 현실을 학자들은 우리가 정보 통제 사회, 빅 브라더의 눈에 살고 있는 반증이라고 주장하고 있습니다.

점까지 언제, 어떤 경로로 이동하는 것이 효율적인지 분석할 수 있습니다. 그리고 명절이나 휴가철 귀경, 귀성 시간과 경로를 분석해서 정체를 피할 출발 시간을 예측할 수 있습니다.

빅 데이터는 정치, 사회, 문화, 과학 등 전 분야에 걸쳐 사회와 인류에게 가치 있는 정보를 제공하면서 주목받고 있습니다. 그렇지만 빅 데이터가 가져오는 문제점도 있습니다. 바로 사생활 침해와 보안 문제입니다. 빅 데이터는 수많은 개인 정보의 집합체이기 때문에 개인의 사적인 정보까지 수집하게 되고, 결국 '빅 브라더'가 될 위험성도 있습니다. 그리고 데이터가 유출된다면 많은 사람의 정보가 유출되는 것이기 때문에 큰 사회적인 문제로 이어질 수 있습니다.

빅 데이터는 개인의 어려움을 사회가 살펴 주고 구제해 주는 긍정적인 기능도 있지만, 개인의 정보를 특정 집단에서 독점하면서 개인을 통제하고 속박할 가능성을 동시에 지닌 양날의 검이 될 수 있습니다.

미국 대통령 선거

2008년 미국 대통령 선거에서 버락 오바마 대통령 후보는 다양한 형태의 유권자 데이터베이스를 확보하고, 이를 분석·활용한 '유권자 맞춤형 선거 전략'을 전개했습니다.

당시 오바마 캠프는 인종, 종교, 나이, 가구 형태, 소비 수준과 같은 기본 인적 사항으로 유권자를 분류하는 것을 넘어 과거 투표 여부, 구독하는 잡지, 마시는 음료 등 유권자 성향까지 전화나 개별 방문 또는 소셜 미디어를 통해 정보를 수집했습니다.

수집한 데이터는 유권자 데이터베이스를 온라인으로 관리하는 '보트빌더' 시스템을 거쳐 유권자 성향 분석, 미결정 유권자 식별, 유권자 예측으로 정리되었습니다. 오바마 캠프는 이를 바탕으로 '유권자 지도'를 작성한 다음 유권자 맞춤형 선거 전략을 세울 수 있었고, 비용 대비 효과적인 선거를 치를 수 있었습니다.

미국 대통령 선거에서는 전통적으로 민주당 지지가 강한 주, 공화당 지지가 강한 주, 그리고 후보에 따라 달라지는 주가 있습

연설하는 오바마

ⓒ 연합뉴스
화목한 가정을 홍보하는 오바마

니다. 선거에서 매번 지지 후보가 달라지는 주를 '스윙 스테이트'라고 부릅니다. 지지 후보를 결정하지 않은 스윙 스테이트에 선거 운동을 집중하는 것은 매우 효율적인 선거 운동입니다.

오바마 캠프는 '이들에게 어떻게 접근할까?'를 고민하는 것에 집중했습니다. 환경과 생태에 관심이 있는 사람들에게는 오바마가 환경 문제에 관심이 많다는 이미지를 홍보했고, 경제에 관심을 가지는 사람들에게는 다른 것은 언급하지 않고 오바마가 유능한 경제 대통령이라는 것만 집중해서 홍보했습니다. 빅 데이터를 이용해 꼭 필요한 사람에게 꼭 필요한 홍보를 하는 것이 유권자 맞춤형 선거 전략이며, 오바마는 이 선거 전략으로 대통령에 당선되었을 뿐만 아니라 4년 후 재선에도 성공했습니다.

메이저 리그 데이터 야구

과학 기술과 카메라 기술의 발달로 투구의 궤적 및 투구의 그립, 타구 방향, 야수의 움직임까지 정교한 데이터로 수집할 수 있게 되었습니다. 이처럼 기존의 정형 데이터만이 아니라 비정형 데이터의 수집과 분석·활용이 가능해지자, 최근 야구에서 빅 데이터의 중요성은 더욱 커지고 있습니다. 과거 타자에게 중요한 자료는 타율과 홈런 두 가지였습니다. 그렇지만 지금은 출루율, 장타율, 대체 선수 승리 기여도 등과 같은 다양한 평가 지표로 선

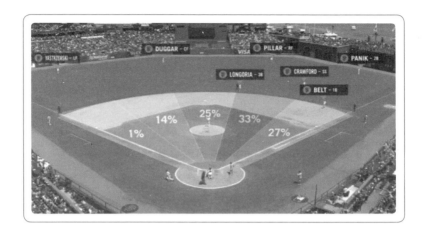

수들을 종합적으로 평가하고 있습니다.

출루율은 타율로 인정되지 않는 볼넷을 포함해서 타자가 성공적으로 베이스를 밟은 횟수를 나타냅니다. 장타율은 타수마다 선수가 밟은 총 베이스를 계산해서 타자의 타격력이 얼마나 강력한가를 나타내는 비율입니다. 대체 선수 승리 기여도는 다른 선수를 기용했을 때와 비교해 이 선수를 기용했을 때 팀의 승리에 기여하는가를 나타내는 수치입니다. 타수는 타자가 얼마나 많이 타석에 섰는가를 알아보는 수치로, 타자의 모든 통계 자료의 기준이 됩니다.

이처럼 한 선수의 타율부터 팀의 역대 시리즈 전적까지 모든 것을 숫자로 나타낼 수 있다고 해서 야구를 '통계의 스포츠'라고 부릅니다.

야구 통계는 다양하게 활용할 수 있습니다. A 타자가 극단적으로 끌어당겨 치는 왼손 타자여서 타구 대부분이 1루수와 2루수 사이로 향한다는 통계가 있다면, 상태 팀은 주자가 없을 때 2루와 3루 사이 수비를 포기하고 1루와 2루 사이를 더 두텁게 수비할 수 있습니다. 타자들은 자신의 스윙 메커니즘을 쉽게 바꾸기 어렵기 때문에 타구가 강화한 수비수 앞으로 날아가서 아웃이 될 수 있습니다. 지금 메이저 리그에서 많이 사용하는 '수비 시프트'가 바로 이것입니다. 물론 원하는 결과가 나오지 않을 때도 있지만 확률적으로는 수비 시프트를 사용해서 공격력을 무력화하는 경우가 훨씬 많습니다.

블록체인

블록체인은 관리 대상 데이터를 P2P 방식으로 생성된 분산 데이터에 저장해서 누구라도 임의로 수정할 수 없고 누구나 변경의 결과를 열람할 수 있는 분산 컴퓨팅 원장 관리 기술입니다.

블록체인은 운영자가 데이터를 임의 조작할 수 없도록 고안되

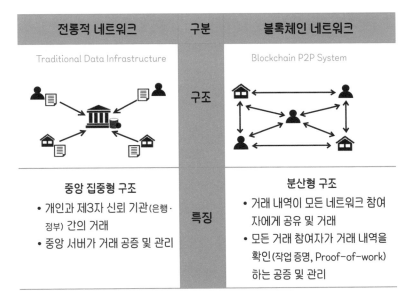

전통적 네트워크	구분	블록체인 네트워크
Traditional Data Infrastructure	구조	Blockchain P2P System
중앙 집중형 구조 • 개인과 제3자 신뢰 기관(은행·정부) 간의 거래 • 중앙 서버가 거래 공증 및 관리	특징	**분산형 구조** • 거래 내역이 모든 네트워크 참여자에게 공유 및 거래 • 모든 거래 참여자가 거래 내역을 확인(작업 증명, Proof-of-work)하는 공증 및 관리

었습니다. 블록체인 기술은 비트코인을 비롯한 대부분의 암호 화폐 거래에 사용됩니다. 암호 화폐에는 탈중앙화된 전자 장부가 쓰이기 때문에 블록체인 소프트웨어를 사용하는 많은 유저들의 각 컴퓨터에서 서버가 운영되어 중앙에 존재하는 은행 없이 개인 간의 자유로운 거래가 가능합니다.

탈중앙 & 이중 지불 방지

일반적인 장부에는 수표나 영수증 또는 약속 어음의 교환 내역이 기록되지만, 반면 블록체인은 그것 자체가 거래 장부인 동시에 거래 증서(수표, 영수증, 약속 어음)가 됩니다. "지불인 갑이 ○○○원을 수취인 을에게 보내다."라는 형식의 거래는 소프트웨어 앱(비트코인 지갑)을 통해 블록체인 네트워크에 뿌려집니다. 블록체인 네트워크의 노드들은 거래를 검증한 다음 자신의 장부에 거래를 추가합니다. 그리고 이 거래가 추가된 장부를 네트워크의 다른 노드들에 뿌립니다.

암호 화폐들은 신뢰할 수 없는 제3자에 의한 시간 표시 거래를 블록체인에 추가하는 것을 피하고자 작업 증명 또는 지분 증명 같은 다양한 시간 표시 방법을 사용합니다. 이 방법으로 누구나 쉽게 이중 지불되는 것을 피할 수 있습니다.

블록체인 형태의 원장 관리 시스템은 클라이언트-서버 모델과 다른 특징을 가지고 있습니다. 클라이언트-서버 모델 시스템의 주도권은 서버를 관장하는 쪽에서 가지고 있습니다. 서버 운영 경비를 수수료로 징수할 수 있고, 새로운 자금 조달을 위한 활동을 서버 운영자가 독점할 수 있습니다. 즉, 이 시스템을 이용하는 클라이언트에게 서버 운영자가 불이익을 줄 수도 있다는 뜻입니다.

그렇지만 블록체인 형태의 운영은 특정 운영자가 아니라 참가하는 주체 모두 동등한 권리를 갖습니다. 모든 과정이 투명하게 공개되기 때문에 특정인이 독점이나 전횡을 할 수 없습니다. 전체 참가자의 50퍼센트 이상의 동의가 없으면 아무것도 바꿀 수 없습니다. 국가나 중앙은행에서 마음대로 대출 이율을 정하고 바꿀 수 없다는 뜻입니다. 물론 이러한 특성 때문에 '검은돈'을 세탁하는 경로로 이용될 수도 있습니다. 그렇지만 국가 또는 다른 집단에 의사 결정을 위임하지 않고 참여자들이 의사 결정 구조를 갖는다는 것이 블록체인 서버의 가장 큰 특징이라고 할 수 있습니다.

◆◇ ～～～～～ P2P 방식 ～～～～～ ◆◇

P2Ppeer-to-peer network 또는 동등 계층 간 통신망은 비교적 소수의 서버에 집중하는 것이 아니라 망 구성에 참여하는 기계들의 계산과 대역폭 성능에 의존해서 구성되는 통신망입니다. 순수 P2P 파일 전송 네트워크는 클라이언트나 서버라는 개념 없이 동등한 계층 노드들이 네트워크에서 서로 클라이언트와 서버 역할을 동시에 하게 됩니다. 이 네트워크 구성 모델은 보통 중앙 서버를 통하는 통신 형태의 클라이언트-서버 모델과는 구별됩니다. 클라이언트-서버 모델이 수직적 구조라면 P2P 모델은 수평적 구조입니다.

참고 자료

- 《누구나 읽을 수 있는 유클리드 기하학 원론 1》 정완상 지음, 지오북스, 2023
- 《유클리드 원론 1》 유클리드 지음, 박병하 옮김, 아카넷, 2022
- 《딥러닝과 바둑》 막스 펌펄라·케빈 퍼거슨 지음, 권정민 옮김, 한빛미디어, 2020
- 《앨런 튜링, 지능에 관하여》 앨런 튜링 지음, 노승영 옮김, 곽재식 해제, 에이치비프레스, 2019
- 《암호 수학》 자넷 베시너·베라 플리스 지음, 오혜정 옮김, 지브레인, 2017
- 《누구나 읽을 수 있는 뉴턴의 프린키피아》 정완상 지음, 과학정원, 2015
- 《존 내쉬가 들려주는 의사결정이론 이야기》 유소연 지음, 자음과모음, 2009
- 《아폴로니우스가 들려주는 이차곡선 1 이야기》 송정화 지음, 자음과모음, 2008
- 《러셀이 들려주는 명제와 논리 이야기》 황선희 지음, 자음과모음, 2008
- 《알콰리즈미가 들려주는 이차방정식 이야기》 김승태 지음, 자음과모음, 2008
- 《칸토어가 들려주는 무한 이야기》 안수진 지음, 자음과모음, 2008
- 《튜링이 들려주는 암호 이야기》 박철민 지음, 자음과모음, 2008
- 《불완전성: 쿠르트 괴델의 증명과 역설》 레베카 골드스타인 지음, 고중숙 옮김, 승산, 2007

- 〈초중고 학생들을 위한 유클리드 원론〉 황운구, 수학사랑-수학칼럼
- 〈괴델의 불완전성 정리〉 김진섭, 제주대 경영정보학과 특강
- 〈형식논리학 세 가지 법칙〉 김승환, 인문학 칼럼 시리즈

- 국립중앙과학관 - 수의 역사
- 두산백과사전 - 소피스트, 우르반 대포, 빅데이터
- 동아 사이언스 - 아레시보 메시지
- 국방과학기술용어 사전 - 워 게임

《청소년을 위한 수학의 역사》를 쓰는 데 참고한 자료와
청소년들이 이 책과 함께 읽으면 좋을 자료를 정리했습니다.